环境工程微生物实验

HUANJING GONGCHENG WEISHENGWU SHIYAN

罗泽娇　冯亮　主编

中国地质大学出版社有限责任公司
ZHONGGUO DIZHI DAXUE CHUBANSHE YOUXIAN ZEREN GONGSI

图书在版编目(CIP)数据

环境工程微生物实验/罗泽娇,冯亮主编.—武汉:中国地质大学出版社有限责任公司,2013.1
ISBN 978-7-5625-3117-3

Ⅰ. 环…
Ⅱ. ①罗…②马…
Ⅲ. 环境微生物学-实验-高等学校-教材
Ⅳ. X172-33

中国版本图书馆 CIP 数据核字(2013)第 121040 号

环境工程微生物实验	罗泽娇 冯亮 主编
责任编辑:王凤林	责任校对:张咏梅

出版发行:中国地质大学出版社有限责任公司（武汉市洪山区鲁磨路388号）	邮编:430074
电　话:(027)67883511　　传　真:(027)67883580	E-mail:cbb@cug.edu.cn
经　销:全国新华书店	Http://www.cugp.cug.edu.cn
开本:787毫米×1 092毫米　1/16	字数:150千字　印张:5.75
版次:2013年1月第1版	印次:2013年1月第1次印刷
印刷:武汉珞南印务有限责任公司	印数:1—1 000册
ISBN 978-7-5625-3117-3	定价:12.00元

如有印装质量问题请与印刷厂联系调换

中国地质大学（武汉）实验教学系列教材

编委会名单

主　任：唐辉明

副主任：徐四平　殷坤龙

编委会成员：（以姓氏笔划排序）

　　　　马　腾　王　莉　牛瑞卿　石万忠　毕克成
　　　　李鹏飞　吴　立　何明中　杨明星　杨坤光
　　　　卓成刚　罗忠文　罗新建　饶建华　程永进
　　　　董元兴　曾健友　蓝　翔　戴光明

选题策划：

　　　　毕克成　蓝　翔　郭金楠　赵颖弘　王凤林

环境工程微生物实验注意事项

开展环境工程微生物学实验课的目的是：训练学生掌握微生物学最基本的实验操作技能；帮助掌握微生物学的基本知识与概念；使课堂讲授的微生物学理论与实践相结合，加深学生对理论的理解。在实验过程中，培养学生的观察、思考能力；通过实验数据的分析与实验报告的撰写，培养学生分析问题和解决问题的能力，培养学生的创新性思维，培养学生实事求是、严肃认真的科学态度。

因此，环境工程微生物学的实验内容，除对微生物学基本操作技能如显微观察技术、染色技术、无菌操作技术、接种与培养技术的训练外，更多地强调与环境、工程过程有关的微生物学的基本知识与理论，围绕这些理论开展实验。

为了上好环境工程微生物学实验课，保障学生的实验安全，特提出如下注意事项。

1. 上课第一天请先阅读本注意事项，熟悉实验室环境，查看紧急冲洗站、洗眼站、灭火器、急救箱及安全通道、梯等的位置，牢记"安全"是进行任何实验最重要的准则。

2. 每次实验前必须充分预习实验内容，以了解实验的目的、原理和方法，做到心中有数，思路清楚。

3. 认真及时地做好实验记录，对于当时不能得到结果而需要连续观察的实验，则需记下每次观察的现象和结果，以便分析。

4. 实验前后及任何时候只要手接触到污染物，要注意洗手。实验前后对试验台要进行消毒。

5. 实验时要小心仔细，全部操作应严格按操作规程进行，万一遇有盛菌试管或瓶不慎打破、皮肤破伤或菌液吸入口中或泼洒等意外情况发生时，应立即报告指导教师，及时处理，切勿隐瞒。

6. 保持实验室内试验台和地面整洁，勿高声谈话和随便走动，保持室内安静。

7. 进行如下个人安全保护措施，包括：①将长头发束于脑后；②穿实验服，按需要戴实验手套；③穿封闭的鞋子，即不露脚趾、脚背、后跟等；④实验室内禁止饮食；⑤在实验室里禁止使用化妆品或佩戴隐形眼镜；⑥不将任何物品放进嘴里，如铅笔等；⑦不穿、戴实验服和手套离开实验室，离开实验室之前必须放置于规定的地方。

8. 实验过程中，切勿使酒精、乙醚、丙酮等易燃药品接近火焰。如遇火险，应保持镇定，沉着处理。酒精或乙醚等着火时，应使用泡沫灭火剂或湿毛巾或沙土覆盖，勿使用水冲洗。

9. 使用显微镜或其他贵重仪器时，要求细心操作，特别爱护。如使用离心机，一定要使离心管两两以圆心对称、重量平衡；使用振荡器时，也要注意对称放置，并用夹具夹紧，避免振荡物品摇晃摔出台面。对消耗材料和药品等要力求节约，用毕后仍放回原处。

10. 每次实验完毕后，必须把所有仪器抹净放妥。凡带菌之工具（如吸管、玻璃刮棒等）在洗涤前必须浸泡在3%来苏尔液中进行消毒。

11. 每次实验需进行培养的材料，应标明自己的组别及处理方法，放于教师指定的地点进行培养。实验室中的菌种和物品等未经教师许可，不得携出室外。

12. 每次实验的结果，应以实事求是的科学态度填入报告表格中，力求简明准确，并连同思考题及时汇交教师批阅。

13. 离开实验室时，要检查仪器电源是否关闭；注意关闭门窗、灯火煤气等。

14. 遇到如下紧急情况，配合老师与同学采取如下急救措施：

(1) 急性呼吸系统中毒：使中毒者迅速离开现场，移到通风良好的地方，呼吸新鲜空气；立即报告医院或拨打112；如有休克、虚脱或心肺功能不全，必须先作抗休克处理，如人工呼吸、给予氧气、喝兴奋剂（如浓茶、咖啡）等。

(2) 经由口服而中毒：需立即用3%~5%小苏打溶液或1:5 000高锰酸钾溶液洗胃，洗胃时要大量地喝，边喝边使之呕吐，最简单的催吐办法是用手指或筷子压舌根或给中毒者喝少量（15~25ml）1%硫酸铜或硫酸锌溶液（催吐剂），使之迅速将毒物吐出。洗胃要反复进行多次，直至吐出物中基本无毒物为止。再服解毒剂，一般解毒剂有鸡蛋清、牛奶、淀粉糊、橘子汁等。另外有些特殊专一性解毒剂针对特定毒性物质使用，如磷中毒时用硫酸铜、钡中毒时用硫酸钠、氰化物中毒时用硫代硫酸钠等。

(3) 皮肤、眼、鼻、咽喉受毒物侵害时，应立即用大量自来水冲洗，然后送医院请各专科医生处理。

(4) 一度烧伤：只损伤表皮，皮肤呈红斑，微痛，微肿，无水泡。如被化学药品烧伤，应立即用大量水冲洗，除去残留在创面上的化学物质，并用冷水浸沐伤处，可减轻疼痛，最后需要消毒，保护创面不受感染。

(5) 二度烧伤：损伤表皮及真皮层，皮肤起水泡，疼痛，水肿明显。创面如污染严重，先用清水或生理盐水冲洗，再以1:1 000新洁尔灭消毒，不要挑破水泡，用消毒纱布轻轻包扎好，请医生治疗。

（6）三度烧伤：损伤皮肤全层，包括皮下组织、肌肉、骨骼，创面呈灰白色或焦黄色，无水泡，不痛，感觉消失。在送医院前，主要防止感染和休克，可用消毒纱布轻轻包扎好，给伤者保暖和供氧，必要时注射吗啡止痛。

（7）炸伤：其急救措施基本同烧伤处理。但炸伤后伤口往往大量出血，应立即将伤口上部扎紧，防止流血过多，如发生昏迷、休克等，应进行人工呼吸，给氧，并送医院治疗。

（8）电击伤：急救时首先使触电者脱离电源，为此可拉下电闸或用木棍将触电者从电源上拨开。当心勿将触电者摔伤。断开电源后，检查伤员呼吸和心跳情况，若呼吸停止，立即进行人工呼吸。对心跳亦停止者同时进行心肺复苏术。电击伤比较轻微者，很快能恢复健康，重者必须请医生治疗。应该注意，触电者在进行急救时，一般不要注射强心针或饮用兴奋剂。

目 录

实验一　光学显微镜的操作及细菌个体形态的观察 …………………………… (1)
　　一、目的 ……………………………………………………………………… (1)
　　二、显微镜的结构和光学原理及其操作方法 ……………………………… (1)
　　三、显微镜的保护注意事项 ………………………………………………… (5)
　　四、细菌的个体形态观察 …………………………………………………… (5)

实验二　微生物的染色 ……………………………………………………………… (7)
　　一、目的 ……………………………………………………………………… (7)
　　二、染色原理 ………………………………………………………………… (7)
　　三、染色方法分类 …………………………………………………………… (7)
　　四、仪器和材料 ……………………………………………………………… (9)
　　五、实验内容和步骤 ………………………………………………………… (9)

实验三　富集培养观察——Winogradsky 柱 ……………………………………… (12)
　　一、目的 ……………………………………………………………………… (12)
　　二、富集培养原理 …………………………………………………………… (12)
　　三、Winogradsky 柱 ………………………………………………………… (12)
　　四、实验材料 ………………………………………………………………… (13)
　　五、实验内容和步骤 ………………………………………………………… (13)

实验四　酵母菌的加富培养与分离 ………………………………………………… (14)
　　一、器材与用品 ……………………………………………………………… (14)
　　二、方法与步骤 ……………………………………………………………… (14)

实验五　营养与环境因子对微生物生长的影响 …………………………………… (16)
　　一、实验目的 ………………………………………………………………… (16)
　　二、实验材料 ………………………………………………………………… (16)
　　三、实验步骤 ………………………………………………………………… (16)

实验六　微生物细胞数的计数 ……………………………………………………… (20)
　　一、目的 ……………………………………………………………………… (20)
　　二、仪器与材料 ……………………………………………………………… (20)
　　三、血球计数板的结构和计算方法 ………………………………………… (20)
　　四、操作步骤 ………………………………………………………………… (20)

实验七 培养基的制备和灭菌 …………………………………………………………… (23)
　　一、目的 ……………………………………………………………………………… (23)
　　二、仪器和材料 ……………………………………………………………………… (23)
　　三、实验内容 ………………………………………………………………………… (24)

实验八 细菌纯种分离、培养和接种技术 ………………………………………………… (32)
　　一、微生物的接种 …………………………………………………………………… (32)
　　二、微生物的培养 …………………………………………………………………… (33)
　　三、附注 ……………………………………………………………………………… (35)
　　四、目的 ……………………………………………………………………………… (36)
　　五、仪器和材料 ……………………………………………………………………… (36)
　　六、细菌纯种分离的操作方法 ……………………………………………………… (36)
　　七、接种 ……………………………………………………………………………… (38)

实验九 粪大肠菌群的测定——多管发酵法(HJ/T 347-2007) ………………… (42)
　　一、目的 ……………………………………………………………………………… (42)
　　二、原理 ……………………………………………………………………………… (42)
　　三、材料 ……………………………………………………………………………… (42)
　　四、步骤 ……………………………………………………………………………… (43)
　　五、测定方法与步骤 ………………………………………………………………… (44)

实验十 环境中微生物生物量的测定 …………………………………………………… (47)
　　一、细菌活菌数的测定 ……………………………………………………………… (47)
　　二、细菌总数的测定 ………………………………………………………………… (50)
　　三、测总氮量计算微生物量 ………………………………………………………… (53)
　　四、DNA含量的测定 ………………………………………………………………… (53)

实验十一 微生物细胞的固定化技术 …………………………………………………… (56)
　　一、微生物细胞的一般固定方法 …………………………………………………… (56)
　　二、活性污泥固定化 ………………………………………………………………… (57)
　　三、微生物酶与细胞共固定化 ……………………………………………………… (58)

实验十二 过氧化氢酶活化性的测定 …………………………………………………… (60)
　　一、气量法(演示实验) ……………………………………………………………… (60)
　　二、滴定法 …………………………………………………………………………… (60)
　　三、比色法 …………………………………………………………………………… (61)

实验十三 生化需氧量测试 ……………………………………………………………… (62)
　　一、实验目的 ………………………………………………………………………… (62)
　　二、试剂 ……………………………………………………………………………… (63)
　　三、仪器 ……………………………………………………………………………… (64)
　　四、样品的储存 ……………………………………………………………………… (64)
　　五、操作步骤 ………………………………………………………………………… (64)

  六、结果的表示 ……………………………………………………………………（66）

实验十四　富营养化水体中藻类的测定（叶绿素 a 法）……………………（67）
  一、目的要求 ……………………………………………………………………（67）
  二、基本原理 ……………………………………………………………………（67）
  三、器材 …………………………………………………………………………（67）
  四、操作步骤 ……………………………………………………………………（67）

实验十五　噬菌体效价的测定（双层琼脂培养法）……………………………（69）
  一、目的要求 ……………………………………………………………………（69）
  二、基本原理 ……………………………………………………………………（69）
  三、器材 …………………………………………………………………………（69）
  四、操作步骤 ……………………………………………………………………（69）

实验十六　藻类观察、计数和鉴定 ……………………………………………（71）
  一、目的要求 ……………………………………………………………………（71）
  二、基本原理 ……………………………………………………………………（71）
  三、器材 …………………………………………………………………………（71）
  四、操作步骤 ……………………………………………………………………（71）

附录一　苯酚降解实验 …………………………………………………………（73）
  一、原理 …………………………………………………………………………（73）
  二、材料 …………………………………………………………………………（73）
  三、方法 …………………………………………………………………………（74）

附录二　稀释法测数统计表 ……………………………………………………（75）

附录三　常用染色液的配制 ……………………………………………………（78）

参考文献 …………………………………………………………………………（80）

实验一　光学显微镜的操作及细菌个体形态的观察

显微镜的种类很多，一般可分为光学显微镜与非光学显微镜两大类。光学显微镜按其性能的不同可分为明视野显微镜、暗视野显微镜、相差显微镜、紫外光显微镜、偏光显微镜和荧光显微镜等。非光学显微镜为电子显微镜。本实验的学习目的是训练学生学习使用明视野显微镜观察和描述模式微生物。重点介绍油镜物镜的基本原理与操作步骤。

一、目　的

1. 掌握光学显微镜的结构、原理，学习显微镜的操作方法和保养。
2. 观察细菌的个体形态及绘制细胞形态。

二、显微镜的结构和光学原理及其操作方法

（一）显微镜的结构（图1-1）和光学原理

显微镜分机械装置和光学系统两部分。

1. 机械装置

（1）镜筒。镜筒上端装目镜，下端接转换器。镜筒为双筒，双筒全倾斜，其中一个筒有屈光度调节装置，以备两眼视力不同者调节使用。两筒之间可调距离，以适应两眼宽度不同者调节使用。

（2）转换器。转换器装在镜筒的下方，其上有4个孔，不同规格的物镜分别安装在各孔上。

（3）载物台。载物台为方形，中央有一光孔，孔的两侧装有夹片，载物台上还有移动器，位于载物台的底部，移动器的作用是夹住和移动标本片，可横向（X螺旋）和纵向（Y螺旋）移动。

（4）镜臂。镜臂支撑镜筒、载物台、聚光器和调节器。

（5）镜座。支撑整台显微镜，其上有光源开关、光亮控制钮、指示灯、集光器。

（6）调节器。本仪器调节的是载物台的位置，有的仪器调节的是镜筒的位置。它包括镜架两侧大、小螺旋调节器（调焦距）各一，前转上升，后转下降。可调节物镜和所需观察的物体之间的距离。

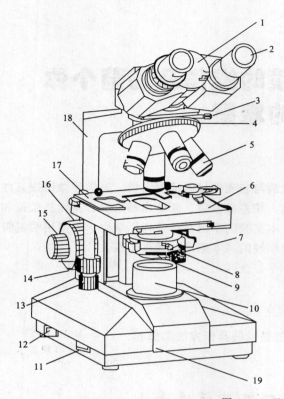
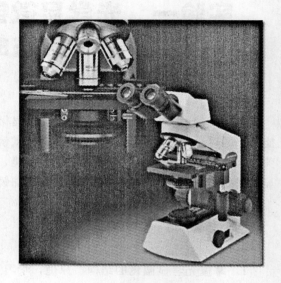

图1-1 显微镜的结构

1. 目头；2. 目镜；3. 观察镜固紧螺钉；4. 转换器；5. 物镜；6. 载物台；7. 聚光镜升降手轮；8. 聚光镜固紧螺钉；9. 聚光镜（带孔径光阑）；10. 下聚光镜；11. 光亮控制钮；12. 光源开关；13. 横向移动手轮；14. 纵向移动手轮；15. 微动调焦旋钮；16. 粗动调焦旋钮；17. 标本片夹持器；18. 镜臂；19. 镜座

2. 光学系统及其光学原理

（1）目镜。装于镜筒上端，由两块透镜组成。目镜把物镜造成的像再次放大，不增加分辨力，各台显微镜备有3个不同规格的目镜，分别是7倍（7×）、10倍（10×）和16倍（16×），可根据需要选用。一般可按与物镜放大倍数的乘积为物镜数值孔径的500～700倍，最大也不能超过1 000倍的选择。目镜的放大倍数过大，反而会影响观察效果。

（2）物镜。物镜装在转换器的孔上，物镜有低倍（4×、10×）、高倍（40×）及油镜（100×）。物镜上标有：N A 1.25、100×、"OI"、160/0.17、0.16等字样，其中N A.1 25为数值孔径；100×为放大倍数；"OI"表示油镜，即 oil immersion；"160/0.17"中160表示镜筒长，0.17表示要求载玻片的厚度；0.16为工作距离。

油镜与其他物镜不同，其载玻片与油镜之间不是隔一层空气，而是隔一层油质，称为油浸系。常选用香柏油作为油浸介质，因香柏油的折射率$n=1.52$，与玻璃相同。当光线通过载玻片后，可直接通过香柏油进入物镜而不发生折射。如果玻片与物镜之间的介质为空气，则称为干燥系，当光线通过玻片后，受到折射发生散射现象，进入物镜的光线显然减少，这样就减低了视野的照明度（图1-2）。

利用油镜不但能增加照明度，更主要的是能增加数值孔径（numerical aperture，N A）。

显微镜的放大效能由其数值孔径决定。数值孔径＝$n \times \sin(\alpha/2)$，其意为玻片和物镜之间的折射率乘上光线投射到物镜上的最大夹角（即镜口角）（图1-3）的一半的正弦。光线投射到物镜的角度越大，则显微镜的效能越大，该角度的大小决定于物镜的直径和焦距，n是影响数值孔径的因素，空气的折射率$n=1$，水的折射率$n=1.33$，香柏油的折射率$n=1.52$，用油镜时光线入射$\alpha/2$为$60°$，则$\sin 60°=0.87$；

以空气为介质时：$NA=1 \times 0.87 = 0.87$
以水为介质时：$NA=1.33 \times 0.87 = 1.16$
以香柏油为介质时：$NA=1.52 \times 0.87 = 1.32$

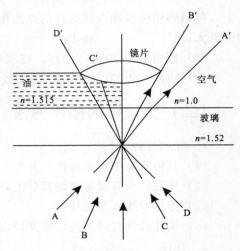

图1-2 油浸工作原理

显微镜的性能还依赖于物镜的分辨力，分辨力即能分辨两点之间的最小距离的能力。它与数值孔径成正比，与波长成反比。即数值孔径愈大，光波波长越短，则分辨力愈大，被检物体的细微结构也愈能明晰地区别出来。因此，一个高的分辨力意味着一个小的可分辨距离，这两个因素呈反比关系。通常有人把分辨力说成是多少微米或纳米，实际上是把分辨力和最小分辨距离混淆了。通过增大数值孔径、缩短波长均可提高显微镜的分辨力，使目的物的细微结构更清晰可见。但事实上可见光的波长（$0.38 \sim 0.7 \mu m$）是不可能缩短的，只有靠增大数值孔径来提高分辨力。

显微镜的分辨力用可分辨的最小距离表示：

$$能辨别两点之间最小距离 = \frac{\lambda}{2NA}$$

式中，λ——光波波长。

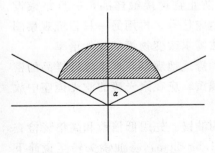

图1-3 物镜的光线入射角

我们肉眼所能感受的光波平均长度为$0.55 \mu m$，假如数值孔径为0.65的高倍物镜，它能辨别两点之间的距离为$0.42 \mu m$。而在$0.42 \mu m$以下的两点之间的距离就分辨不出，即使用倍数更大的目镜，使显微镜的总放大率增加，也仍然分辨不出。只有改用数值孔径更大的物镜，增加其分辨力才行。例如用数值孔径为1.25的油镜时，能辨别两点之间的

$$最小距离 = \frac{0.55}{2 \times 1.25} = 0.22 \mu m$$

因此，我们可以看出，假如采用放大率为40倍的高倍物镜（$NA=0.65$）和放大率为24倍的目镜，虽然总放大率为960倍，但其分辨的最小距离只有$0.42 \mu m$。假如采用放大率为90倍的油镜（$NA=1.25$），和放大率为9倍的目镜，虽然总的放大率为810倍，但却能分辨出$0.22 \mu m$间的距离。

显微镜的总放大倍数为物镜放大倍数和目镜放大倍数的乘积。

(3) 聚光器。聚光器安装在载物台的下面，光线通过聚光器被聚集成光锥照射到标本上，可增强照明度和造成适宜的光锥角度，提高物镜的分辨力。当使用油镜工作时，光圈开得最大。

(4) 照明：6V20W卤素灯，亮度可调。

(5) 内藏式光源：220V、50Hz或110V、60Hz。

（二）显微镜的操作方法

1. 竖起显微镜

(1) 从镜头盒中取出物镜，并拧入转换器的孔中。

(2) 把观察头装在显微镜弯臂上，并拧紧锁定螺丝以固定观察头。

(3) 把目镜插入目镜筒。

(4) 用孔径光栏的手柄将聚光镜定位，使其便于操作。

2. 操作

(1) 把显微镜的电源线插到适当接地的电源插座中。

(2) 把照明器开关移到"ON（开）"的位置，滑动光控制变阻器，以获得适宜的照明亮度，当照明器处于工作状态时，电平指示器和指示灯都应亮着（初调时，亮度应较小；用油镜观察时，亮度应调大）。

(3) 安放样品：把需要观察的样品放在显微镜的平台上，由平台夹爪将其稳固地夹紧，再旋转平台的 X - Y 方向的移动旋钮，把要观察的样品移动到平台上透光孔的中心。

(4) 设定瞳孔眼距：握住观察头的表面平板向内、外移动目镜筒，直到双眼可以同时看清完整的视场为止，看一下此时的眼距（可以从观察头面板的刻度尺上读出），然后把两目镜筒的视度圈的相应数值调到对准镜筒刻度为止。

(5) 显微镜的调焦：先用一只10×目镜和10×物镜进行初步观察。旋转粗调手轮提升平台直到样品的图像可以粗略地看到，然后再旋转微调手轮可以获得清晰的图像。在必要时，可松开自动调焦止动旋钮，使平台运动自如。这时应防止物镜接触样品，一旦结束调焦，就应当收紧自动调焦止动旋钮，这样就限制了平台移过定位点。再用另一只目镜观察图像，调节视度圈获得清晰图像，在需要时，旋转转换器，按需求改变物镜的放大倍率。

(6) 如果必要，如下述调节显微镜以获得清晰的图像和舒适地观察，根据各种样品的密度和物镜的放大倍数，亮度亦应相应调节。如果光线明显偏黄，应在聚光镜的滤光镜座中放入蓝色滤色片。

(7) 油镜的操作，如果用高倍镜未能看清目的物，可用油镜。先用低倍镜和高倍镜检查标本片，将目的物移到视野正中；用粗调节器将镜筒提起1.5～2cm，将油镜头转至镜筒下方，在载玻片上滴1滴香柏油。然后从侧面注视，用粗调节器缓缓降下镜筒，直至油镜头浸没于香柏油内，至几乎与载玻片相接触，但注意不能相碰，以免压破载玻片并损伤油镜头。然后从目镜中观察，首先调节光亮度，适当加大，用粗调节器极其缓慢地提升镜筒至出现物像为止。再用细调节器微调至物像清晰。油镜观察完毕，用擦镜纸将镜头上的油擦净，另用擦镜纸蘸少许二甲苯擦拭镜头，再用擦镜纸擦干。注意：二甲苯用量不宜过多，擦拭时间应短。

(8) 注意：用完之后一定要将物镜旋转到最低倍数的那一个对准透光孔！

三、显微镜的保护注意事项

（1）避免直接在阳光下曝晒，因为透镜与透镜之间、透镜与金属之间都是用树脂和亚麻仁油黏合的。金属与透镜的膨胀系数不同，受高热因膨胀不均，透镜可能脱落或破裂，树脂受高热溶化，透镜也会脱落。

（2）避免和挥发性药品或腐蚀性酸类一起存放，碘片、酒精、醋酸、盐酸和硫酸等对显微镜金属质机械装置和光学系统都是有害的。

（3）透镜要用擦镜纸擦拭，若仅用擦镜纸擦不净，可用擦镜纸蘸少许二甲苯擦拭，但用量不宜过多，擦拭时间也不宜过长，以免黏合透镜的树脂被溶化，而使透镜脱落。

（4）不能随意拆卸显微镜，尤其是物镜、目镜、镜筒不能随意拆卸，因拆卸后空气中的灰尘落入里面会引起生霉。机械装置经常加润滑油，以减少因摩擦而受损。

（5）避免用手指沾抹镜面，否则会影响观察，沾有有机物的镜头，时间长了会生霉，因此，每使用一次，所有的目镜和物镜都得用擦镜纸擦净。

（6）显微镜放在干燥处，镜箱内要放硅胶吸收潮气。目镜、物镜放在盒内并存于干燥器中，以免受潮生霉。

（7）学生使用显微镜固定镜号、位置，填写使用卡，本学期一直使用本台显微镜。

（8）观察标本时，必须依次用低、高倍镜，最后用油镜。当目视接目镜时，特别在使用油镜时，切不可使用粗调节器，以免压碎玻片或损伤镜面。

（9）观察时，两眼睁开，养成两眼能够轮换观察的习惯，以免眼睛疲劳，并且能够在左眼观察时，右眼注视绘图。

（10）拿显微镜时，一定要右手拿镜臂，左手托镜座，不可单手拿，更不可倾斜拿。

四、细菌的个体形态观察

1. 仪器和材料

（1）显微镜、擦镜纸、香柏油、二甲苯或乙醇-乙醚（2∶1）混合液、吸水纸等。

（2）示范片：各种细胞形态的典型示范片。

2. 实验内容和操作方法

严格按光学显微镜的操作方法，依低倍、高倍及油镜的次序逐个观察杆状、球状细菌示范片，用铅笔绘出各种细菌的形态图。

思考题

1. 油镜与普通物镜在使用方法上有何不同？应特别注意些什么？
2. 如何正确使用油镜？油镜观察的原理及注意事项有哪些？
3. 使用油镜时，为什么必须用香柏油？
4. 镜检玻片标本时，为什么要先用低倍物镜观察，而不直接用高倍物镜或油镜进行观察？

5. 根据实验室提供的微生物玻片，你在显微镜下看到了几种微生物，它们分别是什么形态？将它们描绘下来，并判断它们属于原核细胞还是真核细胞。对于原核细胞微生物，试着判断如果进行革兰氏染色，其革兰氏染色的结果。

6. 思考除显微镜观察认识微生物外，还有哪些其他的方法？

7. 通过示范玻片的观察，谈谈你对微生物多样性的理解。

实验二　微生物的染色

一、目的

学习染色原理和方法，掌握微生物涂片、革兰氏染色、无菌操作技术；巩固显微镜的使用。

二、染色原理

微生物（尤其是细菌）个体微小，其机体是无色透明的，在显微镜下，微生物体与其背景反差小，不易看清微生物的形态和结构，若增加其反差，微生物的形态就可看得清楚，通常用染料将菌体染上颜色以增加反差，便于观察。

微生物细胞由蛋白质、核酸等两性电解质及其他化合物组成，所以，微生物细胞表现出两性电解质的性质。两性电解质兼有碱性基和酸性基，在酸性溶液中离解出碱性基呈碱性带正电。在碱性溶液中离解出酸性基呈酸性带负电。经测定，细菌等电点在 pH=2~5 之间，故细菌在中性（pH=7）、碱性（pH>7）或偏酸性（pH=6~7）的溶液中，细菌的等电点均低于上述溶液的 pH 值，所以细菌带负电荷，容易与带正电的碱性染料结合，故用碱性染料染色的为多。碱性染料有美蓝、甲基紫、结晶紫、龙胆紫、碱性品红、中性红、孔雀绿和蕃红等。

微生物体内各结构与染料的结合力不同，故可用各种染料分别染微生物的各结构以便观察。

三、染色方法分类

1. 简单染色法

简单染色法又叫普通染色法，只用一种染料使细菌染上颜色，如果仅为了在显微镜下看清细菌的形态，用简单染色即可。即利用细菌与各种不同性质的染料如石碳酸复红、结晶紫、美蓝等具有亲和力而被着色的原理，采用一种单色染料对细菌进行染色，其具体步骤见本实验第五部分。

2. 复染色法

用两种或多种染料染细菌，目的是为了鉴别不同性质的细菌，所以又叫鉴别染色法。主要的复染色法有革兰氏染色法和抗酸性染色法。抗酸性染色法多在医学上采用。此处介绍革兰氏染色法。

革兰氏染色法是细菌学中很重要的一种鉴别染色法。它可将细菌区别为革兰氏阳性菌和革兰氏阴性菌两大类。其染色步骤如下：先用草酸铵结晶紫染色，经碘-碘化钾（媒染剂）处理后用乙醇脱色，最后用蕃红液复染。如果细菌能保持草酸铵结晶紫与碘的复合物而不被乙醇脱色，呈紫色者叫革兰氏阳性菌。被乙醇脱色用蕃红液复染后呈红色者为革兰氏阴性菌。染色成败的关键在于严格掌握酒精脱色程度和应使用新鲜幼龄的菌体进行涂片。其具体步骤见本实验第五部分。

3. 芽孢染色法

用普通染色法制成的标本片，在显微镜下观察时，菌体着色而芽孢不着色。由于细菌芽孢着色较难，脱色也不易，因此芽孢染色的基本方法是采用着色力强的染料，如孔雀绿、石碳酸复红等加热染色，使菌体和芽孢都着色，再通过脱色剂使菌体脱色而芽孢不脱色。然后用其他染料使菌体再着色，这样菌体与芽孢形成不同颜色的鲜明对照。其操作步骤如下：

（1）制片：涂片、风干、固定。

（2）初染：滴3～5滴孔雀绿染色液于涂片上。用木夹夹住载玻片在酒精灯火焰上加热，使染液冒气但不沸腾，注意勿使染液蒸干，必要时可添加孔雀绿染色液。从冒气开始计算6～8分钟，倾去染液，待载玻片冷却后水洗至不再褪绿色为止。

（3）复染：用蕃红染色液染2～3分钟，水洗，风干。

（4）镜检：芽孢呈绿色，团体呈红色。

4. 荚膜染色法

荚膜为多糖类物质，不易着色，故常用衬托染色法，即将菌体及背景着色以衬托出不着色的荚膜。操作步骤如下：

（1）制片：在干净载玻片的一端滴1滴蒸馏水或生理盐水，用接种环以无菌操作取少许菌落，制成细菌悬液，加1滴黑色素水溶液或绘图黑墨水与菌液混合。另取一块边沿平整的载玻片，将上述混合液顺载玻片表面刮过，使之成为一匀薄菌层并很快风干。

（2）固定：用纯甲醇固定1分钟。

（3）染色：用蕃红染色液冲去残留甲醇，染色0.5～1分钟，以细水流冲洗，再用滤纸小心地吸去余水。

（4）镜检：油镜下观察，背景呈黑色，细胞呈红色，衬托出不着色的荚膜。

5. 鞭毛染色法

细菌鞭毛直径在10～20nm，超过了普通光学显微镜的分辨范围。鞭毛染色是使染料在鞭毛上沉淀堆积，加粗其直径便于在普通光学显微镜下观察。一般而论，以幼壮培养体产生鞭毛情况最好，故鞭毛制片常以短期内经多次移植的新鲜幼龄培养体为佳。鞭毛染色必须采用新配制的染色液以及高度清洁的载玻片，才能保证染色质量。

（1）初检：制水浸标本片检查细菌的运动性。方法是用接种环以无菌操作挑取少许菌落置于载玻片上已滴好的蒸馏水中，用镊子小心地从菌液一侧向另一侧盖上盖玻片，注意勿产生气泡。将水浸标本片置于高倍物镜下观察活菌是否运动，此时视野背景光线宜稍弱。如运动性很强，则可制片进行鞭毛染色。

（2）制片：在清洁载玻片的一端加蒸馏水1滴，用接种环挑取少许菌落，在载玻片水滴中轻沾使成菌悬液。倾斜载玻片使菌悬液下流，形成薄菌膜，然后平置载玻片使其自然干燥。

（3）染色：滴加鞭毛染色液A液染色3～5分钟，用蒸馏水轻轻冲洗。再用鞭毛染色液

B 液小心冲去残水后，滴加 B 液，并将载玻片在酒精灯上稍稍加热使微冒气，但不能干，染 0.5~1 分钟，然后小心地用水冲洗，风干。

(4) 镜检：应在整个涂片上广泛寻找，因有时只在部分涂片上染出鞭毛，故需多观察几个视野。菌体呈深褐色，鞭毛呈褐色。

四、仪器和材料

(1) 显微镜、香柏油、二甲苯或乙醇-乙醚（2∶1）混合液、擦镜纸、吸水纸、接种环、载玻片、酒精灯。
(2) 石碳酸复红、美蓝染液、草酸铵结晶紫染液、革氏碘液、95%乙醇、蕃红染液。
(3) 大肠杆菌、苏云金芽孢杆菌。

五、实验内容和步骤

1. 简单染色步骤

(1) 涂片。取干净的载玻片于实验台上，在正面边角作个记号并滴 1 滴无菌蒸馏水于载玻片的中央，无菌操作方式下取菌种进行涂片，具体操作过程见图 2-1。将接种环在火焰上灭菌（图 2-1 中 1 即灭菌），待冷却后从斜面挑取少量菌种与玻片上的水滴混匀后，在载玻片上涂布成一均匀的薄层，涂布面不宜过大（注：活性污泥染色是用滴管取 1 滴活性污泥于载玻片上铺成一薄层即可）。

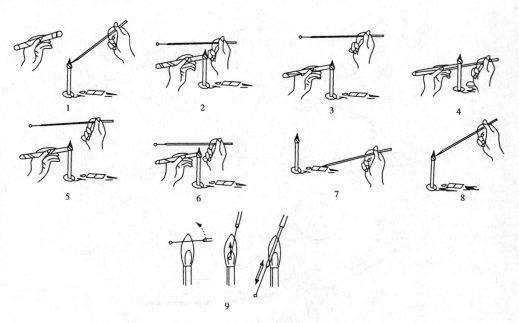

图 2-1 无菌操作及做涂片的过程
1. 接种工具灭菌；2. 火焰上方拔塞；3. 火焰封口；4. 火焰附近取菌种；5. 火焰封口；6. 塞上橡胶塞；
7. 涂片；8. 接种工具灭菌；9. 火焰灭菌

(2) 干燥。最好在空气中自然晾干，为了加速干燥，可在微小火焰上方烘干。但不宜在高温下长时间烤干，否则急速失水会使菌体变形。

(3) 固定。将已干燥的涂片正面上在微小的火焰上通过2~3次，由于加热使蛋白质凝固而固着在载玻片上。

(4) 染色。在载玻片上滴加染色液（石碳酸复红、草酸铵结晶紫或美蓝任选一种），使染液铺盖涂有细菌的部位作用约1分钟。

(5) 水洗。倾去染液，斜置载玻片，在自来水龙头下用小股水流冲洗，直至水呈无色为止。注意冲洗水流不宜过急、过大，水由玻片上端流下，避免直接冲在涂片处。

(6) 干燥。将载玻片倾斜，用吸水纸吸去涂片边缘的水珠（注意勿将细菌擦掉）。或将玻片晾干或用吹风机吹干，待完全干燥后可置油镜下观察。

(7) 镜检。用显微镜观察，并用铅笔绘出细菌形态图。

2. 革兰氏染色步骤

细菌的革兰氏染色步骤见图2-2。

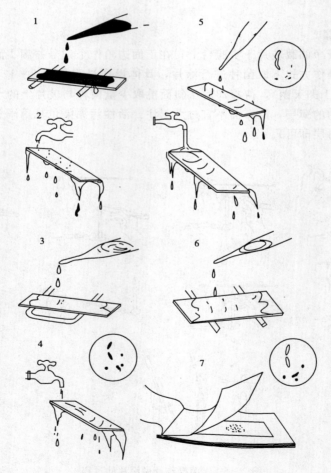

图2-2 革兰氏染色步骤
1. 初染；2. 水洗；3. 媒染；4. 水洗；5. 乙醇洗涤后水洗；6. 复染、水洗；7. 吸水纸吸水

（1）取大肠杆菌和苏云金芽孢杆菌（均以无菌操作）分别做涂片、干燥、固定。方法均与简单染色方法相同。

（2）用草酸铵结晶紫染液染1分钟，水洗。

（3）加革兰氏碘液媒染1分钟，水洗。

（4）斜置载玻片于一烧杯之上，滴加95％乙醇脱色，至流出的乙醇不现紫色即可，随即水洗（注：为了节约乙醇，可将乙醇滴在涂片上静置30～45秒，水洗）。

（5）用蕃红染液复染1分钟，水洗。

（6）用吸水纸吸掉水滴，待标本片干后置显微镜下，用低倍镜观察，发现目的物后用油镜观察，注意细菌细胞的颜色。绘出细菌的形态图并说明革兰氏染色的结果。

染色关键：必须严格掌握乙醇的脱色程度，如果脱色过度，阳性菌会被误染为阴性菌；脱色不够时，阴性菌会被误染为阳性菌。

思考题

1. 微生物的染色原理是什么？有哪些染色方法？
2. 你用革兰氏染色法进行实验的结果是什么（包括颜色、细菌形态、为何种染色反应等）？
3. 革兰氏染色法中若只做1～4步而不用蕃红染液复染，能否分辨出革兰氏染色结果？为什么？
4. 微生物经固定后是死的还是活的？
5. 通过革兰氏染色，你认为它在微生物中有何重要意义？
6. 试述细菌制片染色的主要步骤及各步骤操作应注意事项。
7. 当你对一株未知菌进行革兰氏染色时，怎样能确证你的染色技术操作正确、结果可靠？
8. 制片为什么要完全干燥后才能用油镜观察？

实验三　富集培养观察——Winogradsky 柱

一、目的

设计一个多微生物群落生存的微型宇宙（微生物生态系统模型）；学习怎样用 Winogradsky 柱加富培养特定的微生物种群，掌握富集培养的条件；理解微生物获得能量的多样性和环境因子对新陈代谢过程的影响，分析微生物群落的组成和演变规律。

二、富集培养原理

富集培养是一类使混合微生物群体中某特定微生物比例激增的培养方法，是从众多混合种群中获得目标微生物的第一步。成功的富集培养有利于分离纯种，为纯种的实验研究提供条件。富集培养通常有 3 种：①可用促进某特定微生物生长繁殖的选择性培养基或培养条件；②可用抑制其他微生物生长繁殖的选择性培养基或培养条件，如用于增殖好氧性自生固氮菌的 Ashby 无氮培养基、增殖土壤真菌用的 Martin 培养基等；③可用连续培养法，在一定的稀释率下，使比生长速率小的细胞溢出培养器，而比生长速率大的细胞留在培养器中。

富集培养需要从一个正确的生境中取样，获得合适的菌种；再将菌种接种于具高度选择性的培养基质中，才能保证富集培养的成功。为了成功获得富集培养的目标微生物，菌种资源与培养条件必须优化。本实验介绍第一种富集培养方法。

三、Winogradsky 柱

1880 年俄国生物学家 Winogradsky 所设计的实验，是用模型生态系统进行原位研究的范例，用以分离及观察光合细菌；将一个高玻璃管柱，放入以水混合的土壤、污泥、茎秆碎片等以及富含硫化物的物质（如熟鸡蛋）中，上部以水淹没，顶部盖以铝箔或硬纸片，置于阳光下，暴晒一段时间后，光合细菌由于受到管柱中氧气及硫化氢含量的影响，会在不同深度的管柱表层形成有色菌斑，很容易被分离出来，同时可以观察光合细菌消长的情形。

Winogradsky 柱实际上是一个微型宇宙、自我维持的生态系统，在很多方面与夏末淡水湖泊生境因子有梯度变化时的情形类似，如光因子、温度、营养物质、氧气和硫化氢的梯度变化；这些因子的梯度变化导致柱内微生物与环境因子之间相互影响，从而导致微生物群落发生变化，最后，适宜的微生物种群被富集选择出来。

所添加的纤维素，作为额外的碳源以消耗管柱中的氧气，硫酸钙作为硫源。

四、实验材料

250ml 烧杯；木质搅拌棒或玻璃搅拌棒；量筒或试管（高度至少 15cm）；铝薄纸（盖试管或量筒）；农用地表土约 0.5kg 或湖泊、池塘、下水道沉积物；湖泊水或池塘水；硫酸钙（$CaSO_4$）、碳酸钙（$CaCO_3$）；纤维素粉末（可以撕碎的卫生纸、报纸或其他纸类、大米）。

五、实验内容和步骤

（1）在 250ml 烧杯中，准备如下泥浆：①5 份沉积物；②1 份硫酸钙；③1 份碳酸钙；④少量湖水或池塘水（搅拌使泥浆均质、很稠）。

（2）加一点点大米或碎纸到试管或量筒底部，一组同时准备两支。

（3）将泥浆倒入试管或量筒（避免产生气泡）中，使体积达到整个试管或量筒的 75%。

（4）另加池塘水到试管顶部（使水面离管口约 1cm），注意要始终保持水面在这个高度。

（5）试管或量筒顶部盖上铝薄纸，一支试管置于好的阳光照射下；另一支置入黑暗中培养。

（6）写上组别，标明阳光下与黑暗培养；每周按时观察及记录（日期、颜色有无改变、是否产生气泡等）；有条件的条件下可以拍照保存；比较阳光下、黑暗中培养的区别。管柱水位下降时要补足水至原高度。

思考题

根据每次观察的结果，分析发生变化的原因；比较两种不同培养条件下的区别，并解释产生区别的原因。

实验四 酵母菌的加富培养与分离

酵母菌常见于含糖分较高的环境中,例如果园土、菜地土及果皮等植物表面。大多数酵母营腐生生活,喜偏酸条件,最适 pH 为 4.5～6。酵母菌生长迅速,易于分离培养。在液体培养基中,酵母菌比霉菌生长得快,利用酸性培养条件则可抑制细菌生长。因此,常用酸性液体培养基获得酵母的加富培养,然后在固体培养基上用划线法分离。

一、器材与用品

（1）甘蔗、成熟葡萄或苹果等果皮。
（2）马铃薯葡萄糖琼脂培养基。

马铃薯   200g
葡萄糖   20g
琼脂   15～20g
蒸馏水   1 000ml

新鲜马铃薯去皮,切成薄片,称200g,加蒸馏水1 000ml,煮沸半小时,用纱布过滤,补足因蒸发而减少的水量,即制成20%马铃薯汁。

在马铃薯汁中加入琼脂,煮沸溶化,加糖搅匀,补足水分,自然 pH 在115℃高压蒸汽灭菌20分钟。

（3）乳酸马铃薯葡萄糖培养液。

马铃薯   200g
葡萄糖   20g
乳酸   5ml

试管分装
（4）0.1%美蓝染色液。
（5）1ml刻度无菌吸管、无菌培养皿等。

二、方法与步骤

（1）接种：取一小块果皮,不需冲洗,直接接入乳酸马铃薯葡萄糖培养液管中,置28～30℃下培养24小时,可见培养液变混浊。
（2）加富培养：用无菌吸管取上述培养后的培养液0.1ml,注入另一管乳酸马铃薯葡萄糖培养液中,置28～30℃下再培养24小时或稍长（过长则霉菌长出）。

(3) 镜检：用无菌操作法取少许菌液置于载玻片中央的 0.1% 美蓝染色液中，混匀后盖玻片制成水浸片，先用低倍镜后换高倍镜观察酵母菌的形态和出芽情况，并可根据菌体是否染上颜色来区别细胞的死活。因活酵母菌可使美蓝还原，故菌体不着色。

(4) 分离：马铃薯葡萄糖琼脂培养基溶化后制成平板。用划线法分离上述加富培养体，培养后可获得单个菌落。挑取单个菌落反复再次划线分离纯化，即可获得纯培养。

实验五　营养与环境因子对微生物生长的影响

影响微生物生长的因子有很多，如营养条件、温度、pH、氧气条件、电子受体、渗透压、阳光等。不同的微生物对环境条件的要求不同，但其规律和研究方法类似。无论是实验室研究，还是工程应用，合适的营养与环境因子是微生物生长的基本要求。通过这个实验，来帮助学生理解营养与环境因子对生长的影响规律，同时进行微生物学研究的科学方法训练。

一、实验目的

理解碳、氮、磷及其比例，pH，电子受体等微生物生长的影响；掌握科学的研究方法。

二、实验材料

化学药品：KH_2PO_4、K_2HPO_4、Na_2HPO_4、$MgSO_4 \cdot 7H_2O$、$CaCl_2$、$FeCl_3 \cdot 6H_2O$、NH_4Cl、三羟甲基胺基甲烷（Tris）、NaOH、H_2SO_4、葡萄糖、硝酸钠、醋酸钠、蒸馏水、蜡烛。

器皿：试管、锥形瓶（50、250、500、1 000ml）、移液管、微量移液枪（或器）、培养箱。

三、实验步骤

(1) 制备磷酸缓冲液：KH_2PO_4 3.4g；K_2HPO_4 8.7g；Na_2HPO_4 13.36g；蒸馏水 200ml。

(2) 无机盐溶液：$MgSO_4 \cdot 7H_2O$ 100ml，22.5g/L；$CaCl_2$ 100ml，27.5g/L；$FeCl_3 \cdot 6H_2O$，0.25g/L。

(3) 氯化铵储备液：NH_4Cl 3.82g 溶于 100ml 蒸馏水中，使用时，可按需要对储备液进行 1∶1 000、1∶50 稀释，获得 1∶1 000、1∶50 的氮源使用液。

(4) Tris 缓冲液：1.21g 三羟甲基胺基甲烷溶于 50ml 蒸馏水中。

(5) 葡萄糖储备液：10g 葡萄糖溶于 100ml 蒸馏水，使用时，可稀释获得葡萄糖使用液为 10 000mg/L（取 10ml 葡萄糖储备液稀释到 100ml 中）。

(6) 分别制备溶液 1、溶液 2。

溶液 1：加入磷酸缓冲液 150mL，22.5g/L 的 $MgSO_4 \cdot 7H_2O$ 1ml，27.5g/L $CaCl_2$ 1ml，0.25g/L $FeCl_3 \cdot 6H_2O$ 1ml，蒸馏水 600ml。

溶液 2：NH₄Cl 溶液 15ml，蒸馏水 735ml。

(7) 含不同浓度葡萄糖培养液的制备：取 100ml 溶液 1 和 100ml 溶液 2，制成混合液；将混合液取 25ml 分装到 8 个 50ml 的锥形瓶中；再分别取葡萄糖使用液 0、0.625、1.25ml 和储备液 0.25ml、0.5ml、0.75ml、1ml、1.25ml 于锥形瓶中，获得 GM1-8，葡萄糖浓度分别为 0mg/L、250mg/L、500mg/L、1 000mg/L、2 000mg/L、3 000mg/L、4 000mg/L、5 000mg/L；每个试管移装 5ml，对应贴标签 GM1，GM2，…，GM8，备用。

(8) 含不同浓度氮培养液的制备：于 10 个 50ml 锥形瓶中，按照表 5-1 所示，各溶液分别取不同体积，使配成含不同浓度氮的培养液。然后分别移 5ml 培养液于试管中，对应贴标签 N1，N2，…，N10，备用。

表 5-1 含不同浓度氮培养液的制备配方

编号	N1	N2	N3	N4	N5	N6	N7	N8	N9	N10
含氮浓度 (mg/L)	0	0.5	1	5	10	50	100	500	1 000	5 000
取溶液 1 (ml)	12.5	12.5	12.5	12.5	12.5	12.5	12.5	12.5	12.5	12.5
取葡萄糖储备液 (ml)	1.25	1.25	1.25	1.25	1.25	1.25	1.25	1.25	1.25	1.25
取氯化铵 (ml)	0	1:1 000 氯化铵储备液			1:50 氯化铵储备液			氯化铵储备液		
		1.25	2.5	12.5	1.25	6.25	12.5	1.25	2.5	12.5
取蒸馏水 (ml)	12.5	11.25	10.0	0	11.25	6.25	0	11.25	10.0	0

(9) 不同 pH 营养液的制备：取 150ml 溶液 1 和 150ml 溶液 2 于 500ml 锥形瓶 A 中混合，取一半倒入另一洁净 250ml 锥形瓶 B 中，用 NaOH 调节 pH 为 8，然后取 25ml 于 50ml 锥形瓶 C 中，加入 1.25ml 葡萄糖储备液，获得 pH 为 8 的营养液；再用 NaOH 调节 B 瓶中溶液使 pH 为 9 后，取 25ml 与另一 50ml 锥形瓶 D 中，加入 1.25ml 葡萄糖储备液，获得 pH 为 9 的营养液；依次操作，直到 pH 为 11。A 瓶中剩余混合液，用 H_2SO_4 调节 pH 为 7，然后取 25ml 于另一 50ml 锥形瓶 G 中，加入 1.25ml 葡萄糖储备液，获得 pH 为 7 的营养液；再用 H_2SO_4 调节 A 瓶中溶液使 pH 为 6，重复上述操作，依次获得从 pH=2 到 pH=11 的培养液。将这些不同 pH 的培养液，移取 5ml 分装于试管中，对应贴上标签 pH2，pH3，…，pH11，备用。

(10) 含不同浓度磷培养液的制备：首先制备溶液 A，称 1.21g Tris 溶于 50ml 蒸馏水中，加入 44.2ml 0.2M 的 HCl，调节 pH 为 7.2，使溶液体积为 100ml；另取氯化铵溶液 4ml、22.5g/L 的 $MgSO_4 \cdot 7H_2O$ 0.267ml、27.5g/L 的 $CaCl_2$ 0.267ml、0.25g/L 的 $FeCl_3$·

$6H_2O$ 0.267ml，溶于蒸馏水中，稀释到 100ml，获得溶液 B；最后混合溶液 A、B，得到 200ml 混合 Tris 溶液；取 10ml 磷酸盐缓冲液，稀释到 25ml，得到磷使用液。于 9 个 50ml 锥形瓶中，按下列方法配制含不同浓度磷的培养液，见表 5-2。将不同浓度磷的培养液分装试管，每个试管移装 5ml，对应贴标签 P1，P2，…，P9，备用。

表 5-2 含不同浓度磷培养液的制备配方

培养液编号	P1	P2	P3	P4	P5	P6	P7	P8	P9
含磷的浓度（mg/L）	0	0.5	2.5	5	25	50	500	1 000	5 000
加 Tris 溶液（ml）	12.5	12.5	12.5	12.5	12.5	12.5	12.5	12.5	12.5
葡萄糖溶液（ml）	1.25	1.25	1.25	1.25	1.25	1.25	1.25	1.25	1.25
加磷使用液（ml）	0	1:2 000 的磷使用液 2.5	1:2 000 的磷使用液 1.25	1:200 的磷使用液 2.5	1:200 的磷使用液 1.25	1:20 的磷使用液 2.5	1:20 的磷使用液 1.25	磷使用液 2.5	磷使用液 12.5
蒸馏水（ml）	12.5	10.0	11.25	10.0	11.25	10.0	11.25	10.0	0

（11）不同电子供体、电子受体培养液的制备：分别取 75ml 溶液 1 和 75ml 溶液 2 混合，加入 3ml 葡萄糖储备液，得到混合液；取 20ml 混合液于 50ml 锥形瓶中，得到 G1；取 5ml 混合液于试管中，得到 G2，分别贴标签 G1、G2。

另再分别取 75ml 溶液 1 和 75ml 溶液 2 混合，加入 3ml 葡萄糖储备液、0.375g 硝酸钠，得到混合液；取 5ml 混合液分装于试管中，得到 G3，贴标签 G3。

另再分别取 75ml 溶液 1 和 75ml 溶液 2 混合，加入 0.69g 醋酸钠，得到混合液；取 20ml 混合液于锥形瓶中，得到 A1；其余取 5ml 分装于试管中，得到 A2，分别贴标签 A1、A2。

另再分别取 75ml 溶液 1 和 75ml 溶液 2 混合，加入 0.69g 醋酸钠、0.375g 硝酸钠，得到混合液；取 5ml 混合液分装于试管中，得到 A3，贴标签 A3。

上述各步，可根据教学课时灵活掌握。时间不充足，可由实验员准备到这一步。上述制备数量为 5 组，可根据学生人数，进行等比例放大缩小。

（12）接种与培养：分别对具 5ml 培养液的试管、20ml 培养液的锥形瓶接种 0.5ml、2ml 沉降好的污泥；往贴好标签 G2、G3、A2、A3 的试管、培养瓶倒入溶解好的蜡于液体表面，防止液体与空气接触，使成厌氧条件。G1、A1 不倒蜡于液体表面。

用带砂芯的橡胶塞将试管口和锥形瓶瓶口部塞住，在 35℃下培养 48 小时。

（13）测量：48 小时后，回到实验室，摇晃使每个试管充分混匀；在 420nm 波长下，用分光光度计测定其吸光度，并记录数据。

思考题

1. 实验前，请思考不同浓度葡萄糖营养液培养组中微生物生长的规律并说明理由。实验结果是否与你预期的一致？为什么？

2. 实验前，请思考不同浓度氮营养液培养组中微生物生长的规律并说明理由。实验结果是否与你预期的一致？为什么？

3. 实验前，请思考不同浓度磷营养液培养组中微生物生长的规律并说明理由。实验结果是否与你预期的一致？为什么？

4. 实验前，请思考在不同电子供体、电子受体的实验中微生物生长的规律并说明理由。试验结果是否与你预期的一致？为什么？

5. 把 A1、A2、A3 培养液的醋酸盐换成乙醇，微生物的生长情况如何？

6. 详细描述实验现象，分析实验过程出现的错误，并分析原因。

实验六　微生物细胞数的计数

一、目的

了解血球计数板的结构，掌握使用和计算方法。

二、仪器与材料

显微镜、血球计数板、移液管、酵母菌液（准备见附录）。

三、血球计数板的结构和计算方法

血球计数板由一块比普通载玻片厚的特制玻片制成。玻片中央刻有四条槽，中央两条槽之间的平面比其他平面略低，中央有一小槽，槽的两边的平面上各刻有 9 个大方格，中央的一个大方格为计数室，其长和宽各为 1mm，深度为 0.1mm，其体积为 $0.1mm^3$。计数室有两种规格：一种是把大方格分成 16 中格，每一中格分成 25 小格，共 400 小格；另一种规格是把大方格分成 25 中格，每一中格分成 16 小格，总共也是 400 小格。计算方法如下：

1. 16×25 的计数板计算公式

细胞数/ml：100 小格内的细胞数/100×400×10×1 000×稀释倍数。

2. 25×16 的计数板计算公式

细胞数/ml：80 小格内的细胞数/80×400×10×1 000×稀释倍数。

四、操作步骤

(1) 稀释样品，为了便于计数，将样品适当稀释，使每格约含 5 个细胞。

(2) 取干净的血球计数板，用厚盖玻片盖住中央的计数室，用移液管吸取少许充分摇匀的待测菌液于盖玻片的边缘，菌液则自行渗入计数室，静置 5~10 分钟即可计数。

(3) 将血球计数板置于载物台上，用低倍镜找到小方格后换高倍镜观察计数。需不断地上、下旋动细调节器，以便看到计数室内不同深度的菌体。现以 16×25 规格的计数板为例，数四个角（左上、右上、左下、右下）的四个中格（即 100 小格）的酵母菌数。如果是 25×16 规格的计数板，除取四个角上四中格外，还取正中的一个中格（即 80 小格）。对位于大格线上的酵母菌只计大格的上方及左方线上的酵母菌，或只计下方及右方线上的酵母菌。

实验六 微生物细胞数的计数

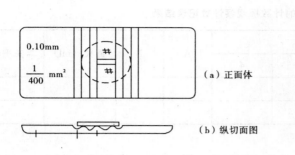

(a) 正面体

(b) 纵切面图

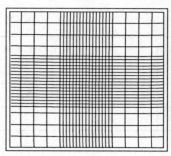

(c) 放大后的方格网计数室

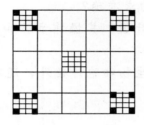

(d) 放大后的计数室

图 6-1 血球计数板的结构图

每个样品重复计数 3 次，取平均值，再按公式计算每毫升菌液中所含的酵母菌数。

(4) 洗涤血球计数板。

使用完毕后，将血球计数板在水龙头上用水柱冲洗，切勿用硬物洗刷，洗完后自行晾干或用吹风机吹干。镜检，观察每小格内是否有残留菌体或其他沉淀物。若不干净，则必须重复洗涤至干净为止。

思考题

1. 结果：将结果记录于下表中。A 表示 5 个中方格中的总菌数；B 表示菌液稀释倍数。

25×16 的计数板观察计数记录结果

	各中格中菌数					A	B	菌数（ml）	二室平均数
	1	2	3	4	5				
第一室									
第二室									

16×25 的计数板观察计数记录结果

	各中格中菌数				A	B	菌数（ml）	二室平均数
	1	2	3	4				
第一室								
第二室								

2. 为什么用两种不同规格的计数板测同一样品时，其结果一样？

3. 在计数板计数操作过程中，说明血球计数板计数的误差主要来自哪些方面？应如何尽量减少误差，力求准确？

4. 如何正确使用计数板计数？其操作步骤和工作原理是什么？如何进行计算？

5. 除计数板可以进行微生物细胞计数外，还有哪些方法可以进行细胞计数？

实验七　培养基的制备和灭菌

　　培养基是人工配制的适于微生物生长、繁殖或保存的营养基质。培养基的种类繁多，但一般应具备以下几个条件：
　　(1) 含有适宜的碳源、氮源、无机盐类、生长因素等营养成分。
　　(2) 含有适量的水分。
　　(3) 适宜的酸碱度。
　　根据培养基的成分来源不同可分为合成培养基、天然培养基和半合成培养基。环境微生物学中，常用废水或废水补加少量氮、磷等无机盐来培养微生物，可认为是天然培养基或半合成培养基。
　　根据培养基的物理性状可分为液体、固体和半固体培养基。液体培养基中加一定量的凝固剂（常加琼脂 1.5%～2%），溶化冷凝后即成固体培养基。半固体培养基含琼脂 0.2%～0.5%。某些工农业生产废渣及生活废渣可视为天然的固体培养基。
　　根据培养基的特殊用途可分为选择培养基、鉴别培养基等。选择培养基在环境微生物学中应用较广，它是根据待培养微生物的特殊营养要求或生理特性而设计的培养基，利用这种培养基可将所需要的微生物从环境混杂的微生物群中分离出来。如以石油作碳源的培养基可以分离到降解石油的微生物；以纤维素为唯一碳源的培养基可以分离到纤维素分解菌。
　　本实验介绍培养基配制的一般原则和方法步骤。

一、目　的

　　(1) 熟悉玻璃器皿的洗涤和灭菌前的准备工作。
　　(2) 掌握培养基和无菌水的制备方法。
　　(3) 掌握高压蒸汽灭菌技术。

二、仪器和材料

　　(1) 培养皿（直径 90mm）10 套；试管（15×150ml）5 支，（18×180ml）5 支；移液管（10ml）1 支，（1ml）2 支；锥形瓶（250ml）2 个；烧杯（250ml）1 个；玻璃珠：30 粒。
　　(2) 纱布、橡胶花、牛皮纸（或报纸）。
　　(3) 精密 pH 试纸 6～8.4（或 pH 电位计）、10% HCl、10% NaOH。
　　(4) 牛肉膏、蛋白胨、氯化钠、琼脂、蒸馏水。

(5) 高压蒸汽灭菌锅、烘箱、电炉。

三、实验内容

(一) 玻璃器皿的洗涤和包装

1. 洗涤

玻璃器皿在使用前必须洗涤干净。培养皿、试管、锥形瓶等可用洗衣粉加去污粉洗刷并用自来水冲净。移液管先用洗液浸泡,再用水冲洗干净。洗刷干净的玻璃器皿自然晾干或放入烘箱中烘干、备用。

2. 包装

(1) 培养皿由一底一盖组成一套,用牛皮纸将 10 套培养皿包好。

(2) 移液管的吸端用细铁丝将少许棉花塞入构成 1~1.5cm 长的棉塞,吸时既能通气,又不致使棉花滑入管内。将塞好棉花的移液管的尖端放在 4~5cm 宽的长纸条的一端,移液管与纸条约成 30°夹角,折叠包装纸包住移液管的尖端,用左手将移液管压紧,在桌面上向前搓转,纸条螺旋式地包在移液管外面,余下纸头折叠打结。按实验需要,可单支包装或多支包装,待灭菌。

3. 用带砂芯的橡胶塞将试管口和锥形瓶瓶口部塞住

橡胶塞要选择适宜,不宜过松或过紧,用手提橡胶塞,以管、瓶不掉下为准。橡胶塞四周应紧贴管壁和瓶壁,不能有皱折,以防止空气微生物沿塞皱折侵入。胶塞插入 2/3,其余留在管口(或瓶口)外,便于拔塞。

试管、锥形瓶塞好橡胶塞后,用牛皮纸包扎并用线绳捆扎好,放在铁丝篓内待灭菌。

(二) 培养基的制备

1. 配制溶液

取一定容量的烧杯盛入定量无菌水,按培养基配方逐一称取各种成分,称量时一般用 1∶1 000 粗天平即可。依次加入水中溶解,难溶的物质,例如蛋白质、肉膏等,可加热促进溶解,待全部溶解后,加水补足加热蒸发的水量。

配备固体培养基,加热融化琼脂时要不断搅拌,避免琼脂糊底烧焦,且注意控制火力使不至溢出。

2. 调节 pH 值

用精密 pH 试纸测培养基的 pH 值,按 pH 值的要求用 10% NaOH 或 10% HCl 调整至所需的 pH 值。调时需注意逐步滴加,勿使过酸或过碱而破坏培养基中某些组分。

3. 过滤

用纱布或滤纸或棉花过滤均可。如果培养基杂质很少或实验要求不高,可不过滤。

4. 分装(图 7-1)

将培养基分装于试管或锥形瓶中(注意防止培养基沾污管口或瓶口,避免浸湿橡胶塞引起杂菌污染),装入试管的培养基量视试管的大小及需要而定,一般制斜面培养基时,每支试管装的量为试管高度的 1/5 左右为宜；三角瓶以不超过其容积的一半为宜；半固体培养基以试管高度的 1/3 左右为宜。

5. 加橡胶塞

试管和三角瓶口需用橡胶堵塞，主要目的是过滤除菌，避免污染。

6. 灭菌

在装培养基的三角瓶或试管的橡胶塞外面包一层牛皮纸即可灭菌。应用铅笔注明培养基名称、配制日期等。

如制斜面培养基时，灭菌后趁热将试管斜放（图 7-2），注意勿使培养基沾染橡胶塞，使试管内的培养基斜面长度在试管长度的 1/3～1/2 之间，待培养基凝固后即成斜面。

如制平板培养基（图 7-3）时，灭菌后待培养基温度降至 45～50℃时以无菌操作将培养基倒入无菌培养皿内，每皿 15～20ml，平放冷凝即成平板培养基，简称平板。具体操作过程如下：右手拿装有培养基的锥形瓶，左手拿培养皿，以中指、无名指和小指托住皿底，拇指和食指夹住皿盖，靠近火焰，将皿盖掀开，倒入培养基后盖上盖子平放在无菌的实验台上，等凝固待用。

若制半固体深层培养基，灭菌后垂直放置，冷凝即成。

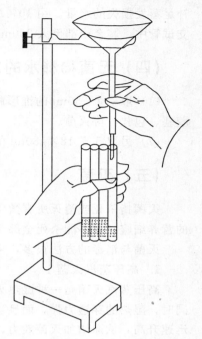

图 7-1 培养基的分装

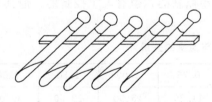

图 7-2 置放成斜面的试管

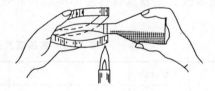

图 7-3 平板培养基的制备

7. 无菌检查

灭菌后的培养基，尤其是存放一段时间后才用的培养基，在应用之前应置 37℃温箱内 1～2 天，确定无菌后才可使用。

（三）本实验用的制备

1. 培养基配方

牛肉膏 0.1g，蛋白胨 1g，NaCl 0.5g，琼脂 0.5～2g，蒸馏水 100ml，pH＝7.6。

灭菌：$1.05 kg/cm^2$ 20 分钟。

2. 操作

（1）取 200ml 的烧杯一个，装 100ml 蒸馏水。

（2）在药物天平上依次称取配方中各成分，放入水中溶解，待琼脂完全融化后停止加热补足蒸发损失的水量。用 10% NaOH 调整 pH 值至 7.6，本实验省略过滤。将培养基分装 5 支试管中，其余全部倒入 200ml 的锥形瓶中，分别塞上橡胶塞，包扎好待灭菌。

（四）无菌稀释水的制备

（1）取一个 250ml 的锥形瓶装 90（99）ml 蒸馏水，放 30 颗玻璃珠于锥形瓶内，塞橡胶塞、包扎，待灭菌。

（2）另取 5 支 18×180ml 的试管，分别装 9ml 蒸馏水，塞橡胶塞、包扎，待灭菌。

（五）灭菌

灭菌指杀死或消灭所有微生物体。消毒则是指破坏或消灭病原微生物，只能杀死微生物的营养细胞，而不能杀死全部芽孢。

灭菌与消毒的方法很多，可概分为物理的和化学的两类。实验室常用的方法介绍如下。

1. 高压蒸汽灭菌

高压蒸汽灭菌是一种湿热灭菌法。在湿热情况下，菌体吸收水分，使蛋白质易于凝固；同时，湿热的穿透力强，而且当蒸汽与被灭菌物体接触冷凝成水时，又可放出热量，使温度迅速升高，从而增加灭菌效力；另一方面，随着压力增高，达到饱和蒸汽时所具有的温度也高（表 7-1）。这样，高压蒸汽灭菌时微生物体受热、湿及压力的作用而被杀死。

由于高压蒸汽灭菌具有灭菌效果好、适用面广的特点，因此，是实验室最常用的消毒灭菌方法。培养基、药物、实验器机械、玻璃器皿和衣物等均可用此法灭菌。表 7-2 所示为各种物品消毒参考表。

高压蒸汽灭菌器具有多种不同结构和规格，有自动控制的，也有人工控制的，但其基本

表 7-1 高压蒸汽灭菌时压力与温度的关系

压力	kg/cm^2	0	0.25	0.50	0.75	1.00	1.50	2.00
	lb/in^2	0	3.75	7.50	11.25	15.00	22.50	30.00
温度	℃	100	107.0	112.0	115.5	121.0	128.0	134.5

注：$1kg/cm^2=98\,066.5Pa$；$1lb/in^2=6\,894.76Pa$

表 7-2 各种物品消毒灭菌参考表

灭菌物品类	所需保温时间（分）	蒸汽相对温度（℃）	相对蒸汽压力（MPa）
橡胶类	15	121	0.1～0.105
敷料类	30～45	121～126	0.105～0.14
器皿类	15	121～126	0.105～0.14
器械类	10	121～126	0.105～0.14
瓶装溶液类	20～40	121～126	0.105～0.14

工作原理都是利用饱和蒸汽灭菌,如图 7-4 所示。

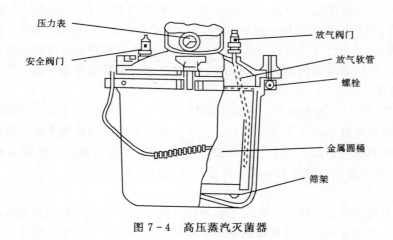

图 7-4 高压蒸汽灭菌器

灭菌步骤如下:

(1) 堆放。将待灭菌的物品予以妥善包扎,各包之间留有间隙顺序地堆放在灭菌桶的筛板上。这样可有利于蒸汽的穿透,提高灭菌效果。

(2) 加水。在主体内加入清水至刻度,使水位一定要超过电热管,连续使用时,必须在每次灭菌前补足水量,以免干、热使电热管烧坏或发生事故。

(3) 密封。将堆好的物品的灭菌桶放在主体内,然后把盖上的放气软管插入灭菌桶内侧的圆槽内。对正盖与主体的螺栓槽,顺序地将相对方位的翼形螺母均匀旋紧,使盖与主体密合。

(4) 加热。将灭菌器接上与要求电压一致的电源,按动电源开关至"开",指示灯亮,表示电热管已通电加热。在加热开始时,应将放气阀的摘子推至垂直"放气"方位,使空气随着加热由桶内逸去。待有较急的蒸汽喷出时,即将该摘子扳回水平"关闭"方位。此时压力表加热针会随着加热逐渐上升,指示出灭菌器内的压力。

(5) 灭菌。当压力到达所需的范围时,开始计算灭菌所需时间,并使之维持恒压。当应用 0.14MPa,124~126℃灭菌时,则安全阀能使之维持恒压。若采用低于上述温度时,则应在蒸汽压力到达所需范围时,适当调节电源开关"开"、"关"的加热时间使之维持恒压。或接上一只调压变压器 10~15 分钟,使物品上残留的水蒸气得到蒸发,随后将电源开关拔至"关",停止加热。

(6) 冷却。在液体灭菌时,当灭菌时间终了后,切勿立即将灭菌锅内的蒸汽予以排出。否则,由于液体的温度未能迅速下降,而压力蒸汽突然释放,会使液体激烈沸腾,造成溢出或容器爆裂等危险事故。所以在灭菌终了时,必须先将电源开"开"按至"关",停止加热,待其冷却,直至压力表指针回复至零位,再待数分钟后,打开放气阀。排出余汽后,才能将盖开启。

(7) 揭开锅盖,取出器物,将锅内剩余水放掉。

(8) 待培养基冷却后置于 37℃恒温箱内培养 24 小时,若无菌生长则放入冰箱或阴凉处保存备用。

2. 间歇灭菌

间歇灭菌也是一种湿热灭菌法。此法将待灭菌物经 3 次灭菌，每次灭菌条件为 100℃、30 分钟，每次灭菌后取出灭菌物一般置 28～30℃温箱中培养 24 小时。这样，前次灭菌未杀死的芽孢经培养萌发为营养体而被再次灭菌时杀死。此法对某些不耐高温的物品和培养基的灭菌特别适用。所用器械为阿诺氏（Arnold）流动蒸汽灭菌器或普通蒸笼，不需加压。

3. 煮沸消毒

水的沸点是 100℃，在此温度下将待灭菌物品煮沸 5 分钟，可杀死一切细菌的繁殖体。虽然许多芽孢经煮沸数小时也不一定死亡，但由于形成芽孢的病原菌不多，故此法适用于灭菌要求不高的培养基与物品。如果在水中加入 1%～2% 碳酸氢钠，可将溶液的沸点提高到 105℃，这样既可促进芽孢的杀灭，又可防止金属器皿生锈。

4. 干热灭菌

最简单的干热灭菌是火烧法，可用于接种环、接种针、试管口等的灭菌以及废弃物的焚化。微生物实验室中常用的干热灭菌是指干热空气灭菌，它适宜于玻璃器皿、金属用具等的灭菌，但不能用于培养基等含水分物品。

干热灭菌使用的器械为恒温干燥箱（烤箱），操作步骤如下：

（1）将包扎好的待灭菌物置入箱内，注意不要放得太挤，以利空气流通。

（2）关门，接通电源，拨动开关，旋动恒温调节器至指定温度。通常用 160～170℃，超过 180℃后易使包扎用纸炭化。

（3）温度上升至指定温度后维持 2 小时。

（4）灭菌完毕后中断电源，待温度降至 70℃以下时，方可开箱取物。

5. 过滤除菌

过滤除菌适用于不能用热力灭菌的培养基或其他溶液，如抗菌素、血清、疫苗等。常用的滤器有蔡氏滤器和玻璃滤器。玻璃滤器的滤板由玻璃粉热压而成，具有微孔。过滤除菌常用的玻璃滤器型号为 G5 和 G6。蔡氏滤器使用混合纤维素酯微孔滤膜，孔径有 $0.2\mu m$ 和 $0.45\mu m$ 等不同规格。一般认为 $0.2\mu m$ 孔径滤膜可阻留去除大部分细菌；如果灭菌要求不高，$0.45\mu m$ 的滤膜也可将细菌计数减少至零个/ml 或 ≤10 个/ml。

滤膜法过滤除菌时操作步骤如下：

（1）对于少量待灭菌的液体，可用图 7-5 中的（a）装置（提前灭菌后）直接进行灭菌；对于待灭菌液体量大时，采用图 7-5 中的（b）装置进行灭菌，首先将滤器、接液瓶和垫圈分别用纸包好，滤膜可放在平皿内用纸包好。在使用前先经 121℃高压蒸汽灭菌 30 分钟。

（2）以无菌操作把滤器装置依照图 7-5 中的装好。

（3）用灭菌无齿镊子将滤膜安放于隔板上，滤膜粗糙面向上。

（4）将待除菌液体注入滤器内，开动真空泵即可除菌。

（5）滤液经培养证明无菌生长可保存备用。

6. 紫外线灭菌

紫外线灭菌用紫外线灯管进行。波长在 220～300nm 的紫外线被称为紫外线的"杀生命区"，其中以 260nm 的紫外线杀菌力最强。该紫外线作用于细胞 DNA，使 DNA 链上相邻的嘧啶碱形成嘧啶二聚体（主要是胞腺嘧啶二聚体），从而抑制 DNA 复制。另外，空气在紫

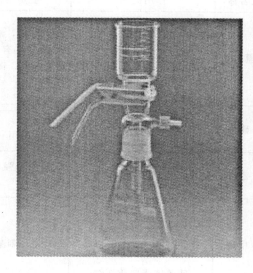

(a) (b)

图 7-5 过滤除菌装置示意图
(a) 带注射器的过滤装置；(b) 带抽滤的过滤装置

外线照射下可产生臭氧，臭氧也有一定的杀菌作用。紫外线透过物质的能力很差，所以只适用于空气及物体表面的灭菌。它与被照物的距离以不超过 1.2m 为宜。照射时间应视紫外灯管的功率大小、被照空间及面积大小，根据灭菌效果测定结果而定。紫外线对人体有伤害作用，不要在开灯时工作。

7. 化学灭菌与消毒

表 7-3 列出了实验室常用的化学灭菌药剂及使用方法。

表 7-3 常用的化学消毒灭菌药剂

类别	名称	作用机理	主要性状	用法	用途
重金属盐类	升汞	与带阴电的细菌蛋白质结合，使之变性或发生沉淀，并能使酶蛋白的硫基失活	杀菌作用强，腐蚀金属	0.05%～0.1%	非金属器皿消毒
	红汞		抑菌力强，无刺激性	2%水溶液	皮肤黏膜、小创伤消毒
氧化剂	高锰酸钾	使菌体酶蛋白中的硫基氧化为二硫基而失去酶活性	强氧化剂，稳定	0.1%	皮肤消毒，蔬菜、水果消毒
	过氧乙酸		20%市售品无爆炸危险，性质不稳定，原液对皮肤、金属有强烈腐蚀性	0.2%～0.5%	塑料、玻璃、人造纤维消毒，皮肤消毒

续表 7-3

类别	名称	作用机理	主要性状	用法	用途
卤素及卤代物	漂白粉	氯与蛋白质中的氨基结合，使菌体蛋白质氯化，代谢机能发生障碍	白色粉末，有效氯易挥发，有氯味，腐蚀金属、棉织品，刺激皮肤，易潮解	乳状液：10%～20% 澄清液：乳状液放24小时后上清液	乳状液：地面、厕所、排泄物消毒；澄清液：空气、物品表面喷雾（0.5%～1%）
	碘酒		刺激皮肤，不能与红汞同时用	2.5%	皮肤消毒
醇类	乙醇	使菌体蛋白质变性	消毒力不强，对芽孢无效	70%～75%	皮肤、物品表面消毒
醛类	甲醛	使菌体蛋白质变性	挥发慢，刺激性强	10%	浸泡：物品表面消毒；熏蒸：2～6ml/m³ 直接加热*或氧化**，密闭房间6～24小时
	戊二醛		挥发慢，刺激性小，碱性溶液杀菌作用强	以0.3% NaHCO₃调pH至7.5～8.5，2%水溶液	消毒不能用热力灭菌的物品，如精密仪器
酚类	石碳酸	低浓度破坏细胞膜，使胞浆内容物漏出；高浓度使蛋白质凝固。此外，也有抑制细菌某些酶系统的作用	杀菌力强，有特殊气味	3%～5% 1%～2%	3%～5%地面、家具、器皿表面消毒，1%～2%皮肤消毒
	来苏尔				
表面活性剂	新洁而灭	吸附于细菌表面，改变胞壁通透性，使菌体内的酶、辅酶和代谢中间产物逸出	易溶于水，刺激性小，稳定，对芽孢无效	0.05%～0.1%	洗手及皮肤黏膜消毒，浸泡器械
烷化物	环氧乙烷	环氧乙烷的乙羟基取代许多反应基团中的氢原子而使代谢反应关键基团受损	常温下为无色气体，沸点104℃，易燃，易爆，有毒	50mg/1 000ml密闭塑料袋	手术器械、敷料、滤膜等消毒灭菌
染料	结晶紫		溶于酒精，有抑菌作用	2%～4%水溶液	浅表创伤消毒

* 加热熏蒸：按熏蒸空间计算，量取甲醛溶液，盛在小铁筒内，用铁架支好。将室内各种物品准备妥当后，点燃置于铁架下的酒精灯，关闭房门，任甲醛溶液煮沸挥发。酒精灯最好能在甲醛蒸完后自行熄灭。

** 氧化熏蒸：按甲醛液用量一半称取高锰酸钾于一瓷碗或玻璃容器内，再量取所需的甲醛溶液，室内准备妥当后，把甲醛倒在盛有高锰酸钾的器皿内，立即关门。几分钟后，甲醛溶液即沸腾而挥发。高锰酸钾是一种强氧化剂，当它与一部分甲醛液作用时，由氧化作用产生的热即可使其余的甲醛液挥发为气体。

甲醛液熏蒸应在使用前至少24小时进行，熏蒸气密闭维持12小时以上，再行处理使用。熏蒸完后量取与甲醛液等量的氨水，迅速放入室内，可减弱甲醛液熏蒸对人眼、鼻的强烈刺激作用。

思考题

1. 培养基是根据什么原理配制成的？肉膏蛋白胨琼脂培养基中的不同成分各起什么作用？
2. 培养基的种类有哪些？各自特点及用途有哪些？
3. 培养基中应具备哪些条件？
4. 试述制备培养基的方法和步骤。
5. 消毒灭菌可采用哪些方法？各适用于何种情况？
6. 为什么湿热灭菌比干热灭菌优越？
7. 高压蒸汽灭菌时应注意什么问题？为什么？
8. 灭菌与消毒的区别是什么？
9. 为什么微生物操作技术中特别强调无菌环境？
10. 做过本次实验后，你认为在制备培养基时要注意些什么问题？
11. 灭菌在微生物学实验操作中有何重要意义？
12. 试述高压蒸汽灭菌的操作方法和原理。

实验八 细菌纯种分离、培养和接种技术

一、微生物的接种

1. 接种工具

图 8-1 为几种接种工具。

(1) 接种环、接种针、接种钩：由金属丝与接种棒组成。金属丝常用铂丝、镍丝或 0.5mm 粗细的电炉丝，接种环直径 0.4～0.5cm，接种棒市面有售，亦可用直径约 0.6cm 的玻璃棒自制。

(2) 接种铲：可用车条，将其一端砸扁至呈平铲状，另一端套橡皮管作棒柄。

(3) 玻璃涂棒：系采用直径为 0.5cm 的玻璃棒，将其烧灼弯曲而成。用纸包裹，干热灭菌备用。

(4) 吸管：在干燥洁净的吸管颈端 0.3～2.5cm 处用尖头镊子塞入少许普通棉花，以防止接种时将细菌吸入口中，或将口中细菌吹入管内，达到过滤除菌的目的。用纸条包裹或置于金属筒中，干热灭菌备用。或者使用 1ml 微量移液枪，将枪头置于盒子中，报纸包裹灭菌待用。

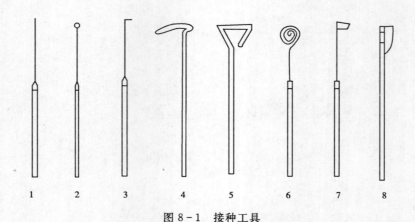

图 8-1 接种工具
1. 接种针；2. 接种环；3. 接种钩；4、5. 玻璃涂棒；6. 接种圈；7. 接种锄；8. 小解剖刀

2. 接种技术

(1) 无菌操作要点：在微生物学实验中，应牢固树立"无菌"概念，严格执行无菌操作。要做到不使被接种的微生物受到杂菌污染，也不容许该微生物污染其培养器皿以外的环

境。接种工作可以在无菌室、无菌接种柜或超净工作台上进行。应使用无菌用品并在火焰附近（常用酒精灯）操作。

凡试管、三角瓶等均应在火焰附近拔除橡胶塞。拔塞后的试管与三角瓶口端应始终向着火焰并保持在火焰附近；试管和三角瓶应处于平斜状态，不得垂直向上，以防空气中的杂菌落入。

橡胶塞拔除后用手指夹住，不得随意乱放。除橡胶塞头外，操作者不应沾碰橡胶塞的其他部位。橡胶塞进出管口均需通过火焰。

无菌培养皿的接种工作亦需在火焰附近进行。培养皿向着火焰一边少许开启，开盖程度以能供接种工具操作即可。

（2）斜面菌种接入斜面培养基的无菌操作法，是最常用的基本操作（图8-2）。

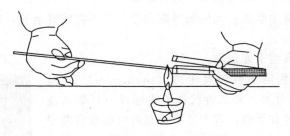

图8-2 斜面接种操作示意图

点燃酒精灯，在火焰周围可形成无菌区。

左手夹住菌种管和待接种的斜面培养基试管，右手将接种环或接种针通过火焰灭菌，即垂直地或稍斜地在火焰上除手柄外烧灼整个杆体。金属丝部分需烧至红热。

用右手拔两橡胶塞，分别夹在手掌与小指、小指与无名指之间。试管口在火焰上通过2~3次以杀杂菌。试管保持平斜位，管口保持在火焰附近。

将已灭菌的接种环伸入菌种管内，先在管内无菌处冷却，然后挑取少量菌体。带菌接种环移至待接种试管中，自斜面底端由下而上轻轻划直线或波浪线。注意接种环出入试管过程中勿碰管壁、管口或管外物品；划线时勿划破培养基。

接种完毕，试管口通过火焰，并在火焰旁塞回橡胶塞。接种环再经烧灼灭菌，放回原处。

二、微生物的培养

1. 静置培养

是最常用的培养方法，即将已接种的试管、三角瓶、培养皿等待培养物置恒温箱或恒温室中进行培养。对于环境中一般中温型腐生菌常用25~30℃培养，致病菌则放37℃中培养。注意培养时需将培养皿倒置，使皿盖在下，以减少水分散失及杂菌污染。

2. 振荡培养

培养需氧性微生物液体时，除采用浅层培养液静置培养外，尚可置振荡装置上培养以利通气。振荡机（或称摇瓶机、摇床）市面有售。当培养物量大时，可将摇床安装在恒温室中进行培养；量小而少时，则可利用恒温振荡器或小型振荡器置恒温水溶液中进行培养。根据培养对象选择振荡方式与速度。

3. 通气培养

当培养大量的需氧微生物或培养藻类等需获取空气中的 CO_2、N_2 等营养时，可进行通气培养。

4. 厌氧培养

(1) 深层液体培养法：此法最为简易，但厌氧条件不够严格。方法是在试管或三角瓶中装 2/3 高度的培养液，接种后，液面滴加一层熔化的石蜡油，塞紧管口，进行培养。

(2) 倒扣培养皿法：将菌液与融化后的琼脂培养基充分混匀后，使之凝固于培养皿盖上，然后将培养皿底倒置于培养基上，进行培养。

(3) 碱性焦性没食子酸法：此法吸氧能力强，又不需特殊装置，故广泛用于创造厌氧条件（图 8-3）。

将待培养物放入真空干燥器内。

按每 100ml 培养物需焦性没食子酸（pyrogallol）1g 及 2.5mol/L NaOH 10ml 计算，将焦性没食子酸与 NaOH 装入玻瓶，混合成碱性焦性没食子酸，置上述干燥器内可吸收容器中的氧气。

同时将厌氧指示剂（见附注1）加入试管煮沸至无色，置干燥器内。如容器内为厌氧环境，指示剂保持无色，如为氧化环境则指示剂变为蓝色。

立即盖紧干燥器盖子，密封。

用真空泵抽去空气，置恒温下进行培养。

图 8-3 焦性没食子酸法（一）

(4) 钢丝棉法：取市售的零号或 1 号钢丝棉 10g，浸入 500ml 钢丝棉活性溶液中（见附注2），使钢丝棉充分浸泡至溶液呈暗灰色，铜的颜色消失。钢丝棉变为红铜色，轻轻澄干水。此时钢丝棉吸氧能力极强，称活性钢丝棉。

将活性钢丝棉、饱和重碳酸钠水（见附注3）、待培养物及装有厌氧指示剂的试管一起放入真空干燥器内。

密封干燥器，用真空泵抽去干燥器内的空气，送恒温室进行培养。

(5) 化学还原法：利用还原作用强的化学物质将环境或培养基内的氧气吸收，或用还原型物质，降低氧化-还原电势。李伏夫（B M Jibbob）法就是用二亚硫酸钠和碳酸钠以吸收空气中的氧气，其反应式为：

$$Na_2S_2O_4 + Na_2CO_3 + O_2 \rightarrow Na_2SO_4 + NaSO_3 + CO_2$$

取一有盖的玻璃罐，罐底垫一薄层棉花，将接种好的平皿重叠正放于罐内（如系液体培养基，则直立于罐内），最上端保留可容纳 1~2 个平皿的空间（视玻璃罐的体积而定），按玻璃罐的体积每 1 000 cm^3 空间用亚硫酸钠及碳酸钠各 30g，在纸上混匀后，盛于上面的空平皿中，加水少许使混合物潮湿，但不可过湿，以免罐内水分过多。若用无盖玻璃罐，则可将平皿重叠正放在浅底容器上，以无盖玻璃罐罩于皿上，罐口周围用胶泥或水银封闭（图 8

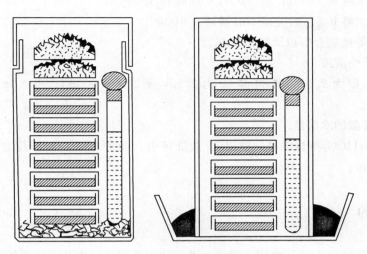

图 8-4 李伏夫氏厌氧培养法

-4)。

（6）厌氧工作站法：在操作严格、具备实验条件的情况下，可在厌氧工作站里进行接种和培养操作。厌氧工作站见图 8-5。

图 8-5 厌氧工作站

三、附注

1. 厌氧指示剂
(1) 6% 葡萄糖水溶液。

(2) 用蒸馏水将 0.1mol/L 的 NaOH 6ml 稀释至 100ml。
(3) 用蒸馏水将 0.5％的美蓝 3ml 稀释至 100ml。

将上述各液等量混合即成厌氧指示剂。

2. 钢丝棉活性溶液

$CuSO_4 \cdot 5H_2O$ 为 2.5～5g，吐温 80 为 2.5g，蒸馏水 1 000ml，用 0.5mol/L 的 H_2SO_4 调 pH 至 1.5～2。

3. 饱和重碳酸钠水溶液

$MgCO_3$ 及 $NaHCO_3$ 等量混合，取出 5g 放烧杯中，加水 10～15ml，使之产生 CO_2 气体，有利于厌氧菌生长。

四、目的

(1) 掌握从环境（土壤、水体、活性污泥、垃圾堆肥等）中分离培养细菌的方法，从而获得若干种细菌纯培养技能。
(2) 掌握几种接种技术。

五、仪器和材料

(1) 无菌培养皿（直径 90mm）10 套；无菌移液管 1ml 的 2 支、10ml 的 1 支。
(2) 营养琼脂培养基 1 瓶；活性污泥或土壤或湖水 1 瓶；无菌稀释水 90ml 的 1 瓶、9ml 的 5 管。
(3) 接种环、酒精灯、恒温箱。

六、细菌纯种分离的操作方法

细菌纯种分离的方法有两种：稀释平板法和平板划线法。

（一）稀释平板分离法

1. 取样

用无菌锥形瓶到现场取一定量的活性污泥或土壤或湖水，迅速带回实验室。

2. 稀释水样

工作前，用镊子取出一块酒精棉球擦手、镊子以及工作台，待工作台干净后，点燃酒精灯。

将 1 瓶 90ml 和 5 管 9ml 的无菌水排列好，按 10^{-1}、10^{-2}、10^{-3}、10^{-4}、10^{-5} 及 10^{-6} 依次编号。在无菌操作条件下，用 10ml 的无菌移液管吸取 10ml 水样（或其他样品 10g）置于第一瓶 90ml 无菌水（内含玻璃珠）中，将移液管吹洗 3 次，用手摇 10 分钟将颗粒状样品打散。即为 10^{-1} 浓度的菌液。用 1ml 无菌移液管吸取 1ml 的 10^{-1} 浓度的菌液于一管 9ml 无菌水中,将移液管吹洗3次,摇匀即为10^{-2}浓度菌液。用同样的方法依次稀释到10^{-6}。稀释过程如图8-6所示。

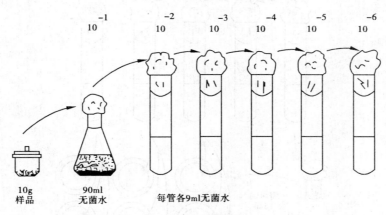

图8-6 样品稀释过程

3. 平板的制作

取10套无菌培养皿编号,10^{-4}、10^{-5}、10^{-6}各3个,另1个为空气对照。取1支1ml无菌移液管从浓度小的10^{-6}菌液开始,以10^{-6}、10^{-5}、10^{-4}为序分别吸取0.5ml菌液于相应编号的培养皿内(注:每次吸取前,用移液管在菌液中吹吸使菌液充分混匀)。或者直接用微量移液枪移取0.5ml菌液,每移一次换一个枪头,移取液体前,用70%乙醇对进入试管的枪体进行擦拭消毒(图8-7)。

加热融化已灭菌的培养基,当培养基冷却至45℃左右时,进行无菌操作倒平板,具体过程见图8-7。倒入培养基后将培养皿平放在桌上,顺时针和反时针来回转动培养皿,使培养基和菌液充分混匀,冷凝后即成平板,倒置于30℃恒温箱中培养48小时,然后观察结果(注:若在无菌室内操作,倒平板按图8-8操作)。

取"对照"的无菌培养皿,待平板待凝固后,打开皿盖10分钟后盖上皿盖,倒置30℃箱中培养,48小时后观察结果。

(二)平板划线分离法

1. 平板的制备

将融化并冷至50℃的肉膏蛋白胨琼脂培养基倒入无菌培养皿内,使凝固成平板。

2. 操作

用接种环挑取一环活性污泥(或土壤悬液等),左手拿培养皿,中指、无名指和小指手托住皿底,拇指和食指夹住皿盖,将培养皿稍倾斜,左手拇指和食指将皿盖掀半开,右手将接种环伸入培养皿内,在平板上轻轻划线(切勿破坏培养基),划线的方式可图8-9中任何一种。划线完毕盖好皿盖,倒置30℃恒温箱中培养48小时后观察结果。

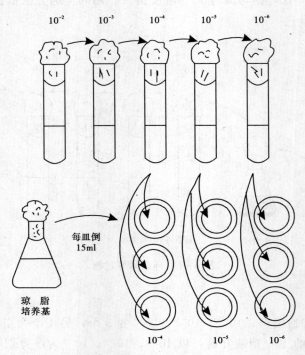

图 8-7 倒平板与接种

七、接 种

1. 斜面接种

是将长在斜面培养基（或平板培养基）上的微生物接到另一支斜面培养基上的方法（图 8-10）。

（1）接种前将桌面擦净，将所需的物品整齐有序地放在桌上。

（2）将试管贴上标签，注明菌名、接种日期、接种人组别、姓名等。

（3）点燃酒精灯。

（4）将一支斜面菌种和一支待接的斜面培养基放在左手上，拇指压住两支试管，中指位于两支试管之间，斜面向上，管口齐平。

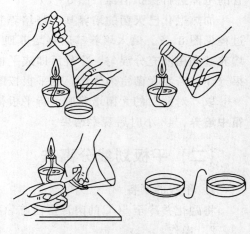

图 8-8 倒平板

（5）右手先将橡胶塞拧松，以便接种时拔出。右手拿接种环，在火焰上将环烧红灭菌（环以上凡是可能进入试管的部分都应灼烧）。

（6）在火焰旁，用右手小指、无名指和手掌夹住橡胶塞将它拔出。试管口在火焰上微烧一周，将管口上可能沾染的少量菌或带菌尘埃烧掉。将烧过的接种环伸入菌种管内，先触及没长菌的培养基使环冷却，然后轻轻挑取少许菌种，将接种环抽出管外迅速伸入另一试管底

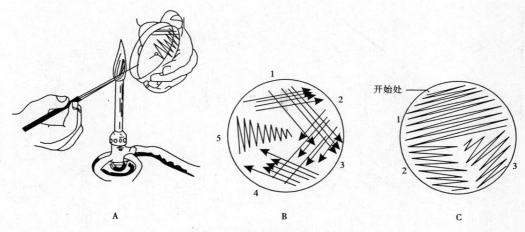

图 8-9 平板划线分离方法
A. 操作示意；B. 平板分区 5 区法；C. 平板分区 3 区法

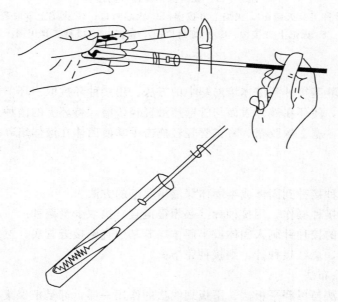

图 8-10 斜面接种示意图

部，在斜面上由底部向上划曲线。抽出接种环，将试管塞上橡胶塞并插在试管架上，最后再次烧红接种环，则接种完毕，如图 8-11 所示。

2. 液体培养基中的苗种被接入液体培养基

接种用具是无菌移液管和无菌滴管。移液管和滴管是玻璃制的，不能在火焰上烧，以免碰到水使玻璃破裂，需预先灭菌。

用无菌移液管自菌种管中吸取一定量的菌液接到另一管液体培养基中，将试管塞好橡胶塞即可。

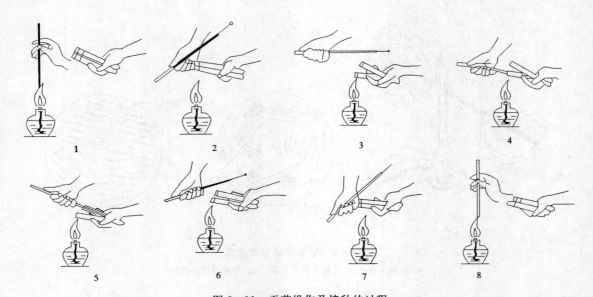

图 8-11 无菌操作及接种的过程
1. 接种工具灭菌；2. 火焰上方拔塞；3. 火焰封口；4. 火焰上方取菌种；
5. 火焰上方接种；6. 火焰封口；7. 塞塞；8. 接种工具灭菌

3. 液体接种

这是由斜面培养基接种到液体培养基中的方法。用接种环挑取一环斜面培养基上的菌种送入液体培养基中，使环在液体表面与管壁接触轻轻研磨，将环上的菌种全部洗入液体培养基中，取出接种环，塞上橡胶塞。将试管轻轻掩击手掌使菌体在液体培养基中均匀分布。最后将接种环烧红。

4. 穿刺接种

这是将斜面菌种接种到固体或半固体深层培养基的方法。

（1）如前斜面接种操作，用接种针（必须很挺直）挑取少量菌种。

（2）将带菌种的接种针刺入固体或半固体培养基中直到接近管底，然后沿穿刺线缓慢地抽出，塞上橡胶塞，烧红接种针，则接种完毕。

5. 稀释平板涂布法

稀释平板涂布法与稀释平板法、平板划线法的作用一样，都是把聚集在一起的群体分散成能在培养基上长成单个菌落的分离方法。此法接种量不宜太多，只能在 0.5ml 以下，培养时起初不能倒置，先正摆一段时间等水分蒸发后再倒置。此法步骤如下：

（1）稀释样品，方法与稀释平板法中的稀释方法和步骤一样。

（2）倒平板，将融化的并冷至50℃左右的培养基倒入无菌培养皿中，冷凝后即成平板。

（3）用无菌移液管吸取一定量的经适当稀释的样品液于平板上，换上无菌玻璃刮刀在平板上旋转涂布均匀。

（4）正摆在所需温度的恒温箱内培养，如果培养时间较长，次日把培养皿倒置继续培养。

（5）待长出菌落观察结果。

思考题

1. 分离活性污泥为什么要稀释?
2. 用一根无菌移液管接种几种浓度的水样时,应从哪个浓度开始?为什么?
3. 你掌握了哪几种接种技术?
4. 接种工具有哪些?
5. 简述无菌操作的注意事项。
6. 微生物培养的方法有哪些?各自的特点和要求是什么?

实验九 粪大肠菌群的测定——
多管发酵法 (HJ/T 347-2007)

一、目的

掌握中华人民共和国环境保护行业标准 HJ/T347-2007 关于水质粪大肠菌群的多管发酵法，了解滤膜法。通过粪大肠菌群的测定，了解大肠菌群的生化特性。

二、原理

人的肠道中存在三大类细菌：①大肠杆菌（G^-）；②肠球菌（G^+）；③产气荚膜杆菌（G^+）。由于大肠菌群的数量大，在体外存活时间与肠道致病菌相近，且检验方法比较简便，故被定为检验肠道致病菌的指示菌。

粪大肠菌群是总大肠菌群中的一部分，主要来自粪便。在 44.5℃温度下能生长并发酵乳糖产酸产气的大肠菌群称为粪大肠菌群。用提高培养温度的方法，造成不利于来自自然环境的大肠菌群生长的条件，使培养出来的菌主要为来自粪便中的大肠菌群，从而更准确地反映出水质受粪便污染的情况。粪大肠菌群的测定可以用多管发酵法和滤膜法。

多管发酵法以最可能数（most probable number，简称 MPN）来表示试验结果。实际上它是根据统计学理论，估计水体中的大肠杆菌密度和卫生质量的一种方法。如果从理论上考虑并且进行大量重复检定，可以发现这种估计有大于实际数字的倾向。不过只要每一稀释度试管重复数目增加，这种差异便会减少，对于细菌含量的估计值，大部分取决于那些既显示阳性又显示阴性的稀释度。因此在实验设计上，水样检验所要求重复的数目要根据所要求数据的准确度而定。

三、材料

本方法所用试剂除另有注明外，均为符合国家标准的分析纯化学试剂；实验用水为新制备的去离子水。

（1）锥形瓶（500ml）1 个、试管（18ml×180ml）6 或 7 支、大试管（容积 150ml）2 支、移液管 1ml 的 2 支及 10ml 的 1 支、培养皿（直径 90mm）10 套、接种环、试管架 1 个。

（2）革兰氏染色液一套：草酸铵结晶紫、革氏碘液、95%乙醇、蕃红染液。

(3) 显微镜。
(4) 单倍乳糖蛋白胨培养液。

成分：蛋白胨   10g
　　　牛肉浸膏   3g
　　　乳糖   5g
　　　氯化钠   5g
　　　1.6%溴甲酚紫乙醇溶液 1ml
　　　蒸馏水   1 000ml

制法：将蛋白胨、牛肉浸膏、乳糖、氯化钠加热溶解于1 000ml蒸馏水中，调节pH为7.2～7.4，再加入1.6%溴甲酚紫乙醇溶液1ml，充分混匀，分装于含有倒置的小玻璃管的试管中，于高压蒸汽灭菌器中，在115℃下灭菌20分钟，储存于暗处备用。

(5) 三倍乳糖蛋白胨培养液：按上述配方比例3倍（除蒸馏水外），配成3倍浓缩的乳糖蛋白胨培养液，制法同上。

(6) EC培养液。

成分：胰胨   20g
　　　乳糖   5g
　　　胆盐三号   1.5g
　　　磷酸氢二钾（K_2HPO_4）   4g
　　　磷酸二氢钾（KH_2PO_4）   1.5g
　　　氯化钠   5g
　　　蒸馏水   1 000ml

制法：将上述成分加热溶解，然后分装于含有玻璃倒管的试管中。置高压蒸汽灭菌器中，115℃下灭菌20分钟。灭菌后pH值应为6.9。

四、步骤

1. 水样的采集和保藏

采集水样的器具必须事前灭菌。

2. 水样的处置

水样采集后，迅速送回实验室立即检验，若来不及检验应放在4℃冰箱中保存。若缺乏低温保存条件，应在报告中注明水样采集与检验相隔的时间，若较清洁的水可在12小时以内检验，污水要在6小时内结束检验。

3. 水样接种量的确定

将水样充分混匀后，根据水样污染的程度确定水样接种量。每个样品至少用3个不同的水样量接种。同一种接种水样量要有5管。

相对未受污染的水样接种量为10ml、1ml、0.1ml。受污染水样接种量根据污染程度接种1ml、0.1ml、0.01ml或0.1ml、0.01ml、0.001ml等。使用的水样量可参考表9-1。

表 9-1 接种用水量参考表

水样种类	检测方法	接种量								
		100	50	10	1	0.1	10^{-2}	10^{-3}	10^{-4}	10^{-5}
井水	多管发酵法			×	×	×				
河水、塘水	多管发酵法				×	×	×			
湖水、塘水	多管发酵法						×	×	×	
城市原污水	多管发酵法							×	×	×

如接种体积为 10ml，则试管内应装有 3 倍浓度的乳糖蛋白胨培养液 5ml；如接种量为 1ml 或少于 1ml，则可接种于普通浓度的乳糖蛋白胨培养液 10ml 中。

五、测定方法与步骤

1. 初发酵试验

将水样分别接种到盛有乳糖蛋白胨培养液的发酵管中。在 37 ± 0.5℃下培养 24 ± 2 小时。产酸和产气的发酵管表明试验阳性。如在倒管内产气不明显，可轻拍试管，有小气泡升起为阳性。

2. 复发酵试验

轻微振荡初发酵试验阳性结果的发酵管，用 3mm 接种环或灭菌棒将培养物转接到 EC 培养液中。在 44.5 ± 0.5℃温度下培养 24 ± 2 小时（水浴箱的水面应高于试管中培养基液面）。接种后所有发酵管必须在 30 分钟内放进水浴中。培养后立即观察，发酵管产气则证实为粪大肠菌群阳性。

3. 结果的计算

根据不同接种量的发酵管所出现的阳性结果的数目，从表 9-2 或表 9-3 中查得每升水样中的粪大肠菌群。接种水样为 100ml（2 份）、10ml（10 份），总量 300ml 时，查表 9-2 可得每升水样中的粪大肠菌群；接种 5 份 10ml 水样、5 份 1ml 水样、5 份 0.1ml 水样时，查表 9-3 求得 MPN 指数，MPN 值再乘 10，即为 1L 水样中的粪大肠菌群。

如果接种的水样不是 10ml、1ml 和 0.1ml，而是较低的或较高的 3 个浓度的水样量，也可查表 9-3 求得 MPN 值，再经下式计算成每 100ml 的 MPN 值。

$$\text{MPN 值} = \text{MPN 指数} \times \frac{10 \text{（ml）}}{\text{接种量最大的一管（ml）}}$$

表 9-2 粪大肠菌群检数表

10ml 水样的阳性管数	100ml 水样的阳性瓶数		
	0	1	2
	1L 水样中粪大肠菌群数	1L 水样中粪大肠菌群数	1L 水样中粪大肠菌群数
0	<3	4	11
1	3	8	18
2	7	13	27
3	11	18	38
4	14	24	52
5	18	30	70
6	22	36	92
7	27	43	120
8	31	51	161
9	36	60	230
10	40	69	>230

注：接种水样 100ml（2 份）、10ml（10 份）、总量 300ml。

表 9-3 最可能数（MPN）表

出现阳性份数			每 100ml 水样中细菌数的 PMN	95% 置信区间		出现阳性份数			每 100ml 水样中细菌数的 MPN	95% 置信区间	
10ml 管	1ml 管	0.1ml 管		下限	上限	10ml 管	1ml 管	0.1ml 管		下限	上限
0	0	0	<2			4	2	1	26	9	78
0	0	1	2	<0.5	7	4	3	0	27	9	80
0	1	0	2	<0.5	7	4	3	1	33	11	93
0	2	0	4	<0.5	11	4	4	0	34	12	93
1	0	0	2	<0.5	7	5	0	0	23	7	70
1	0	1	4	<0.5	11	5	0	1	34	11	89
1	1	0	4	<0.5	11	5	0	2	43	15	110
1	1	1	6	<0.5	15	5	1	0	33	11	93
1	2	0	6	<0.5	15	5	1	1	46	16	120
2	0	0	5	<0.5	13	5	1	2	63	21	150
2	0	1	7	1	17	5	2	0	49	17	130
2	1	0	7	1	17	5	2	1	70	23	170

续表 9-3

出现阳性份数			每100ml水样中细菌数的PMN	95%置信区间		出现阳性份数			每100ml水样中细菌数的MPN	95%置信区间	
10ml管	1ml管	0.1ml管		下限	上限	10ml管	1ml管	0.1ml管		下限	上限
2	1	1	9	2	21	5	2	2	94	28	220
2	2	0	9	2	21	5	3	0	79	25	190
2	3	0	12	3	28	5	3	1	110	31	250
3	0	0	8	1	19	5	3	2	140	37	310
3	0	1	11	2	25	5	3	3	180	44	500
3	1	0	11	2	25	5	4	0	130	35	300
3	1	1	14	4	34	5	4	1	170	43	190
3	2	0	14	4	34	5	4	2	220	57	700
3	2	1	17	5	46	5	4	3	280	90	850
3	3	0	17	5	46	5	4	4	350	120	1 000
4	0	0	13	3	31	5	5	0	240	68	750
4	0	1	17	5	46	5	5	1	350	120	1 000
4	1	0	17	5	46	5	5	2	540	180	1 400
4	1	1	21	7	63	5	5	3	920	300	3 200
4	1	2	26	9	78	5	5	4	1 600	640	5 800
4	2	0	22	7	67	5	5	5	≥2 400		

注：接种 5 份 10ml 水样、5 份 1ml 水样、5 份 0.1ml 水样时，不同阳性及阴性情况下 100ml 水样中细菌数的最可能数和 95% 可信限值。

思考题

1. 测定水中大肠杆菌群数有什么实际意义？为什么选用粪大肠杆菌群作为水的卫生指标？
2. 论述胆盐在 EC 培养液中的作用。
3. 根据我国相关水质标准，讨论你这次的检验结果。

实验十 环境中微生物生物量的测定

微生物量的测定可以反映水生化处理系统中生物生长情况,运行是否正常。而对环境的卫生检验则反映环境污染的情况。生物量主要是直接或间接测定细菌群体的细胞数量或重量、原生质及细胞中某些代谢活动的变化等。

一、细菌活菌数的测定

1. 平板菌落计数法

平板菌落计数法是根据在固体培养基上生长的菌落计数,每一个菌落由一个单细胞繁殖而成,为肉眼可见的细胞群体。根据菌落数可以计算出待测菌液中的活菌数量。

(1) 取水样 1ml 利用无菌水按 10 倍数作一系列稀释,水样稀释浓度以在平板上长出的菌落数在 30~300 个之间为宜。稀释时应尽量使微生物细胞分散开,否则易生长出片状菌苔。稀释过程参考实验五。

(2) 以无菌操作用无菌移液管吸取 1ml 充分混匀的水样,注入无菌平皿中,再倾入约 15ml 已融化并冷却到 45℃的营养琼脂培养基,迅速转动,使水样与培养基充分混匀。

(3) 置水平位置静止凝固后,倒置于 37℃下培养 24 小时。每个水样取 3 个连续适宜稀释菌液倒平板,各倾注 3 个平皿,同时做不加水样空白对照。

(4) 待菌落生长好取出平皿计数,统计出同一稀释度一个平皿上菌落的平均数。根据以下公式计算:每毫升菌液中活菌总数=同一稀释度的菌落平均数×稀释倍数。

(5) 菌落计数原则:先计算相同稀释度的平均菌落数。若其中一个平皿有较大片状的菌苔生长时,则不宜采用,而应以无片菌苔的平皿作为该稀释度的平均菌落数。若片状菌苔不到平皿的一半,而其余一半中菌落数分布又很均匀,可将此一半平皿计数后乘 2 以代表全皿菌落数。

首先选择平均菌落数在 30~300 之间的,当只有一个稀释度的平均菌落符合此范围时,则以该平均菌落数乘以其稀释倍数报告之(表 10-1 中例 1)。

若有两个稀释度,其平均菌落数均在 30~300 之间,应按两者菌落总数之比值来决定。若其比例小于 2 应报告两者的平均数,若大于 2 则报告其中稀释度较小的菌落总数(表 10-1 中例 2、例 3)。

若所有稀释度的平均菌落数大于 300,则应按稀释度最高的平均菌落数乘以稀释倍数(表 10-1 中例 4)。

若所有稀释度的平均数均小于 30,则应按稀释度最低的平均菌落数乘以稀释倍数(表 10-1 中例 5)。

若所有稀释度的平均菌落数均不在 30~300 之间,则以最接近 300 或 30 的平均菌落数乘以稀释倍数（表10-1中例6）。

菌落计数报告，菌落数在100以内按实有数报告，大于100时采用两位有效数字，在两位有效数字后面的值，以四舍五入方法计算，为了缩短数字后面的零数也可用10的指数来表示（表10-1中"报告方式"栏）。在报告"菌落无法计数"时，应注明水样的稀释倍数。

表10-1 计算细菌菌落总数方法的示例

例次	不同稀释度的平均菌落数			两个稀释度菌落数之比	菌落总数（个/ml）	报告方式	备注
	10^{-1}	10^{-2}	10^{-3}				
1	1 365	164	20	—	16 400	1.6×10^4	两位数以后数字采取四舍五入的方法
2	2 760	296	46	1.6	37 750	3.8×10^4	
3	2 890	271	60	2.2	27 100	2.7×10^4	
4	无法计数	1 650	513		513 000	5.1×10^5	
5	27	11	5		270	2.7×10^2	
6	无法计数	305	12	—	30 500	3.1×10^4	

(6) 细菌总数测定方法的改进。依上述方法观察计数，但深层较小菌落容易遗漏，造成计数上误差较大。由于多数细菌具有脱氢酶，在培养皿中产生脱氢作用，遇到氯化三苯基四氮唑（TTC）在平板上显现深浅不同红色小点或红色片状物均为细菌。TTC的投加量以0.01%及0.04%为宜，切忌TTC浓度过高，否则对细菌具有抑制作用。

使用该改进方法时，要注意如下情况：①要注意选择好倒平板的稀释度，一般以3个稀释度中的第二稀释度倒平板所出现的平均菌落数在50个左右为最好；②由3个稀释度（10^{-4}、10^{-5}、10^{-6}）计算出的每毫升菌液中总活菌数应很接近，如相差较大，表示试验不准确，应重做。

2. 液体稀释法（MPN法）

此法也可进行活菌数计算，由于某些微生物在琼脂平板上不易生长，故不适用平板菌落计数，但在液体培养基中生长易于检查。因此，根据某些稀释菌液接种培养后所生长微生物的试管数，用统计数学方法计算出原样品的含菌量，此法也称为最或然数技术或最大可能数量法，简称MPN法。反硝化细菌、氨化细菌、类大肠杆菌及紫色非硫光合细菌均可利用此法计数。

操作时先将样品作一系列的10倍稀释，至最后一级稀释液接种后，不出现菌的生长为临界级数。取后5种稀释液接种于无菌的液体培养基中，一般需做3~5管平行实验。适温培养，根据生长菌试管数，确定数据指标，查出菌的近似值，再行计算。

下面以5管平行实验为例来介绍检验方法。其他3管、4管平行实验同理依次查表计算，一般要根据实验精确度要求选择管数，一般用3管平行实验即可。

（1）取1ml样品，按10倍作一系列稀释至10^{-10}。

（2）利用无菌移液管分别从不同浓度稀释液中各取1ml，分别接种到5支已灭菌液体培养基试管中。适温培养2~14天，记录每个稀释液出现细菌生长的试管数来确定数量指标。

注意每种稀释度必须更换一支移液管。
(3) 数量指标的确定，不论重复系数多少均取 3 位数字。
1) 如果生长情况如下：

表 10-2　生长情况表一

稀释度	10^{-3}	10^{-4}	10^{-5}	10^{-6}	10^{-7}
有生长菌管数	4^+	4^+	3^+	1^+	0
数量指标为		4	3	1	

取各重复管数都有菌生长的最高稀释度的生长管数，为数量指标的第一个数字，其后两个稀释度的生长管数作为其他的个数。就上例 4 个重复生长的有 10^{-3} 及 10^{-4} 两个稀释度，取其中高稀释度 10^{-4}，其中生长管数"4"作为数量指标的第一位数字；10^{-5} 为 3 及 10^{-6} 为 1，因此所得数量指标为 4、3、1。

2) 如果生长情况如下：

表 10-3　生长情况表二

稀释度	10^{-3}	10^{-4}	10^{-5}	10^{-6}	10^{-7}	10^{-8}
有生长菌管数	3^+	4^+	2^+	1^+	1^+	0
数量指标为		4	2	2		

依原则 1) 数量指标第一数字应取 10^{-4} 的 4，其后两个数字是"2"和"1"，可是更高稀释度 10^{-7} 中还有 1 管生长，因而需将这个管加在第三个数上，所以数量指标数为 4、2、2。

3) 如果生长情况如下：

表 10-4　生长情况表三

稀释度	10^{-3}	10^{-4}	10^{-5}	10^{-6}	10^{-7}
有生长菌管数	0	1^+	0	0	0
数量指标为	0	1	0		

所取数量指标应使有生长菌的管数位于中间。
确定数量指标后查附表 1 得出菌近似值。
(4) 计算方法。利用以下公式计算原菌液的最大可能数。
1ml（g）样品中的菌数＝菌近似值×数量指标第一位数的稀释倍数。
3. 滤膜过滤计数法
当单位体积水样中所含微生物数量较少时，可通过超滤膜过滤浓集后，再进行培养计数。

（1）滤膜主要是由硝化纤维制成的白色薄膜，根据实验要求可选择不同大小的孔径及直径。使用前应先经灭菌处理，将滤膜放入装有蒸馏水的烧杯中，置于沸水浴中煮沸灭菌3次，每次15分钟。前两次煮沸后需更换水洗涤3次，以除去残留溶剂。

（2）利用无菌镊子取滤膜，安装于过滤器上，将过滤器装于抽滤瓶上，并与真空泵相连接。

（3）取适量水样放入过滤器漏斗内过滤，若水样量少应加无菌水稀释、混匀过滤，过滤水样多少根据漏斗直径决定。开动真空泵抽滤，使水样中微生物被截留在滤膜上。待水样全部滤完，立即停止抽滤。

（4）打开滤器，利用无菌镊子取下滤膜，过滤面向上放于平板培养基上，使滤膜与培养基之间贴紧，不可留有气泡。盖好培养皿盖，倒置适温培养，若培养时间较长可将小培养皿放于铺有湿脱脂棉的大培养皿内，以保持皿内湿度。每个水样做3个平皿培养。计算膜上菌落数，取平均值，计算出每毫升水样的含菌数。

$$每毫升水样的含菌数 = \frac{滤膜上的总菌数}{浓缩水样的毫升数}$$

二、细菌总数的测定

（一）直接计数法——血球计数板计数

利用血球计数板在显微镜下直接计数，这是一种常用的微生物计数法。此法是将待测细菌悬液或孢子液置于计数板的计数室中，由于计数室的容积是已知的，并有一定的刻度，因此可以根据在显微镜下观察到的微生物个体数计算出单位体积内微生物的总数。该法只适用于计算形态较大的酵母菌、藻类及孢子等。具体操作与原理参考实验三。

（二）染色涂片计数法

此法是利用涂片面积与视野面积之比来计算出样品中的微生物量。取稀释定容的菌液，滴在载玻片上并均匀涂布在一定面积上，经固定染色后，在显微镜下借相同倍数标定过的目测微尺，测得视野半径计算出视野面积，从已知总面积计算出视野总数。根据几个视野中的细胞平均值，计算出1ml样品中的细菌数。

（1）用接物测微尺测量油镜视野半径，用 πr^2 计算出视野面积。一般油镜半径为0.08mm。

（2）用玻璃铅笔在载玻片中部划边长为2cm的正方形，面积为4cm^2。

（3）用血球计数器中的0.01ml吸管吸取定容稀释菌液，置于玻片正方形中，均匀涂满整个正方形面积，干燥固定，再经1%石碳酸复红染色。

（4）观察计数。在涂片上观察数个视野，所取的视野要求分布均匀，统计每个视野中的菌数，求出平均值，根据下列公式计算。

$$每毫升样品中菌数 = A \times \frac{S}{S'} \times 100 \times B$$

式中：A——所观察视野平均菌数；

　　　S'——涂片面积；

　　　S——一个视野面积；

　　　B——稀释倍数。

（三）比浊度法

每种菌细胞能吸收和散射通过它们的光，每种菌的散射光强及吸收光度与细胞总数有相对应的关系。菌体愈多，悬液浊度愈大，则散射及吸收光愈多。利用分光光度计测定悬液减少光线透过的程度，用光密度（OD）表示，OD 是透光率的对数函数，同细胞总数成正比。光密度可用分光光度计测定。测定时首先用一系列已知菌数的菌悬液测定光密度，作出光密度-菌数的标准曲线。然后测出未知菌悬液的光密度，从标准曲线中查出相对应的菌数。此法比较简单而精确，但如果待测样品颜色太深或含其他悬浮物较多时，不宜使用此法。

此外，还可以利用比浊度仪进行测试，将细菌悬液与标准浊度管进行比较，以推算其菌数（表 10-5）。

(1) 将待测菌液用生理盐水或蒸馏水作一系列稀释，其浓度可略高于标准管。

(2) 与浊度相当的标准管进行比较，记下此标准管所示的菌数。

(3) 原菌液浓度的计算：

每毫升原液菌数（亿/ml）=标准管所示的菌数×稀释倍数。

(4) 比浊法操作注意事项：

1) 待测菌液取 1ml 适宜，取量太少则误差较大，菌液用生理盐水作适当倍数的稀释，使其浓度略高于标准管，不宜相差悬殊。

2) 标准管内是玻璃粉悬液，理化性质不够稳定，常因玻璃粉凝聚或粘附管壁而使浊度下降变淡，此时不宜使用。

3) 比浊操作在光线明亮处进行，避免阳光直射。稀释要精确，比浊度时以相纸上黑线的清晰程度判断菌液浓淡，经左右置换进行核对两管透明程度一致时为准。每次检验样品不应过多和时间过长，以免导致视力疲劳，影响判断效果。

4) 比浊管可放置室温或冰箱中保存，但不能冻结，有效期为一年。

表 10-5 标准比浊管制法及相应菌数

试管号	1	2	3	4	5	6	7	8	9	10
加 1%g/ml (W/V) $BaCl_2$ 毫升数	0.1	0.2	0.3	0.4	0.5	0.6	0.7	0.8	0.9	1.0
加 1%g/ml (W/V) H_2SO_4 毫升数	9.9	9.8	9.7	9.6	9.5	9.4	9.3	9.2	9.1	9.0
相当的菌数（亿/ml）	3	6	9	12	15	18	21	24	27	30

注：W 为重量（g）；V 为体积（ml）

（四）微生物细胞的重量测定法

此法是测定单位体积培养物中细胞的重量，重量的测定可直接测定细胞的干重或湿重。

干重通常是湿重的 20%～25%，它比湿重与细胞总量的关系更直接。该法简单而相对准确，适用于菌体浓度较高的样品，但样品不能含有菌体以外的其他干物质。

1. 微生物细胞湿重的测定

取一定容积的培养物，经离心或过滤，用无菌水或缓冲液冲洗 1～2 次，再离心弃去上清液，称重即可得到该培养物湿重。

2. 微生物细胞干重的测定

依照上述方法得到微生物细胞后，转移到烘烤至恒重的蒸发皿内，再放到 105～110℃烘箱内，烘干至恒重，放到干燥器内，冷却后称重即可得到微生物细胞干重。细胞一般具有吸湿性，故称量需迅速。

3. 活性污泥的称重法

对于检验污水或废水生物处理系统中的活性污泥的生长情况及数量，常用总固体 (MLSS) 重量及挥发性固体 (MLVSS) 重量表示。

(1) MLSS 重量的检验方法：MLSS 的重量包括各种生物体、有机化合物、无机化合物及溶解性固体。首先，将蒸发皿洗净，放在 105～110℃烘箱内约 30 分钟，取出放在干燥器内冷却 30 分钟后，在分析天平上称其重量，然后再烘烤称重至恒重，两次称重相差不超过 0.000 4g；然后自构筑物中取 100ml 混匀的活性污泥，经离心后弃去上清液。用蒸馏水冲洗，再离心弃去上清液；用少量蒸馏水将沉淀污泥洗入上述恒重蒸发皿中，在 100℃ 的水浴锅上蒸发至干，再放入 105～110℃烘箱内约一小时取出，置于干燥器内冷却 30 分钟，称重；反复在 105℃下烘干，冷却并称重直至恒重。最后根据公式计算重量：

$$总固体 (ml/L) = \frac{(W_2 - W_1) \times 1\,000 \times 1\,000}{V}$$

式中：W_1——蒸发皿重量 (g)；

W_2——蒸发皿和总固体重量 (g)；

V——水样体积 (ml)。

(2) MLVSS 重量的检验方法：将上述已烘至恒重的干烧质，再置于 500～600℃ 的马福炉内灼烧至恒重。一般需灼烧 15～20 分钟。待温度降至 100℃ 以下，再取出蒸发皿移入干燥器内，停置 30 分钟冷却后称重。灼烧失重量即为挥发性固体，主要包括生物体及有机物重量。根据以下公式计算：

$$总挥发性固体 (mg/L) = \frac{(W_2 - W_3) \times 1\,000 \times 1\,000}{V}$$

式中：W_2——蒸发皿和总固体的重量 (g)；

W_3——蒸发皿和总固体灼烧后的重量 (g)；

V——水样体积 (ml)。

(五) 自养菌数量的测定

利用二氧化碳或碳酸盐中的碳素为唯一碳源，利用光能或化能合成细胞物质者称为光能自养菌及化能自养菌。化能自养菌如硝化细菌、硫化细菌等，它们在琼脂平板上不易生长，故硝化细菌的计数可采用液体稀释法 (MPN 法)。

(1) 制备计量用培养基，亚硝酸细菌采用氨氧化细菌计数用培养基，硝酸细菌采用亚硝酸氧化细菌计数用培养基。每支试管分装 3ml，121℃下高压蒸汽灭菌 15 分钟。

（2）取 1ml 水样，按 10 倍作一系列稀释，通常稀释到 10^{-6}。取各不同稀释度菌悬液 1ml，分别各向 5 支试管接种，共计接种 25 支试管。做不接种对照试管 2～3 支。置于 28～30℃下培养 4 个星期。

（3）经培养后采用生化反应进行检查，若有亚硝酸细菌生长繁殖则培养基中有 NO_2^- 积蓄。当加入 1～2 滴格里斯试剂时显红色或褐色。记录下各稀释度显色的试验管数。未接种对照管也滴入格里斯试剂，以证实是否有硝化细菌污染试剂或器皿，有时由于空气中少量的亚硝酸作用可能使未接种的对照管产生淡红色，因此检查时，应记录下颜色深于对照的接种试管数。若静置 2～3 分钟后不显色者可加入少量锌粉，如显红色说明 NO_2^- 已被硝酸细菌氧化成 NO_3^-。

对于硝酸细菌的检查，同样滴加格里斯试剂后，不显色者说明培养基中由于硝酸细菌的生长繁殖，NO_2^- 已被氧化成 NO_3^-。将各种稀释度不显色管记录下。计算方法依照实验四二中的液体稀释法。

三、测总氮量计算微生物量

微生物细胞物质中含有许多含氮化合物，如蛋白质、核酸、氨基酸等，含氮量常由于菌种及培养条件的不同而异，但一般细菌含氮量平均约为干重的 14%。测定时首先收集细胞，洗去培养基，然后进行氮的定量化学分析，通常采用微量克氏定氮法，此法适用于浓细胞群的测定。

当有机物与浓硫酸共热，含氮有机物即分解产生氨称为硝化过程，氨又与硫酸作用形成硫酸铵。为了加速硝化过程，投加硫酸铜或钼酸钠作催化剂以促进有机氮化合物分解完全，加入少量硫酸钾以提高沸点。

$$CH_2-COOH + 3H_2SO_4 \rightarrow 2CO_2 + 3SO_2 + 4H_2O + NH_3$$
$$\vdots$$
$$NH_2$$
$$2NH_3 + H_2SO_4 \rightarrow (NH_4)_2SO_4$$

硫酸铵再经强碱碱化，与浓 NaOH 作用生成氢氧化铵，加热释放出的氨用硼酸溶液吸收。硼酸吸收氨后，使硼酸的氢离子浓度降低，此时甲基红-甲烯蓝混合液指示剂由葡萄紫色变为绿色，再用盐酸滴定。

四、DNA 含量的测定

DNA 是重要的生物大分子，它不但是细胞的重要组成成分之一，还和蛋白质一起构成生命的主要物质基础，而且它的主要生物学功能是直接参与生物遗传信息的传递过程，是遗传的物质基础。DNA 主要集中在细胞核中，主要由腺嘌呤、鸟嘌呤、胞嘧啶和胸腺嘧啶 4 种碱基的脱氧核糖核苷酸组成。一般来说，不同生物其 DNA 含量不同。而同一种生物其 DNA 含量相对较稳定，因此可以通过测定 DNA 含量而相对区别，更进一步测定 DNA 分子中 GO 的克分子百分数,这是分类学中的一个重要指标。

如上所述,DNA 存在于细胞中,所以必须先将细胞破碎,此外,生物材料中,除含有核酸外,还含有其他含磷物质和含糖物质,因此必须进行预先处理,方能测定 DNA 含量。

(一) 生物材料的处理及核酸组分的分离

生物组织(细胞)通过匀浆器或超声波破碎后进行预处理,其目的是除去酸溶性含磷化合物。常用冷的 5%~10%过氯酸(PCA)或三氯乙酸(TCA)处理粉碎(破碎)的生物材料,然后抽滤除去酸溶性部分抽提液,包括核苷酸及分子量小的寡核苷酸等。再将残留物用有机溶剂(如乙醚、氯仿等)除去脂溶性含磷化合物,抽提液中主要是磷脂类物质,留下的残渣中为不溶于酸的非脂类含磷化合物,包括 DNA、RNA、蛋白质及少量其他含磷化合物。然后可按下列方法之一测定 DNA 含量(图 10-1)。

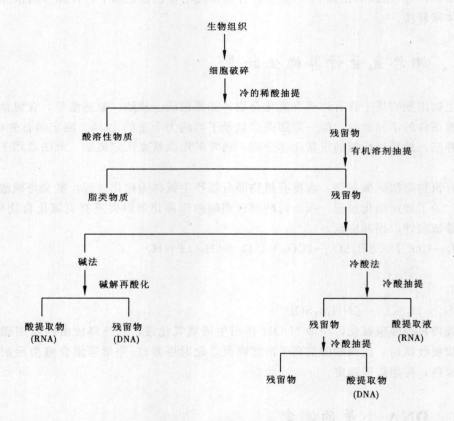

图 10-1 DNA 分离的步骤

1. **碱法**

将酸不溶的非脂类化合物与 1MNaOH (KOH) 在 37℃下保温过夜,RNA 被降解为酸性核苷酸,而 DNA 不被分解,加入 PCA 或 TCA (达到终浓度为 5%~10%) 酸化后,DNA 即沉淀下来,上清液中为 RNA 的酸解产物。

2. 冷酸法

将经酸和有机溶剂处理后的组织用1MPCA于40℃下处理18小时抽提出RNA,再用0.5MPCA在70℃下处理20分钟,抽提出DNA。

(二) DNA含量的测定

1. 紫外吸收法

DNA分子中的嘌呤环和嘧啶环的共轭双键系统具有紫外吸收高峰在260nm的特征,DNA的克分子消光系数(或称吸收系数)$e(P)_{260nm}$(pH=7.0)=6 600,含磷量为9.2%,因此,每毫升溶液1μgDNA的光密度值为0.020。只有在OD_{260}/OD_{280}在1.9左右得出的结果较准确。

将样品配制成5～50μgDNA/ml的溶液,于紫外分光光度计上测定260nm吸收值,计算浓度:

$$DNA浓度(\mu g/ml) = \frac{OD_{260}}{0.02 \times L} \times 稀释倍数$$

(L为比色杯厚度)

如果待测样品中含有酸溶性核苷酸或低聚多核苷酸,则在测定时需加钼酸铵-过氯酸沉淀剂,以沉淀除去大分子核酸,测上清液260nm处吸收值作为对照。

2. 二苯胺显色法测定DNA含量

DNA中的2-脱氧核糖在酸性环境中与二苯胺试剂一起加热产生蓝色反应,在595nm处有最大吸收。DNA在40～400μg范围内,光密度与DNA的浓度成正比。如在反应液中加入少量乙醛,可提高反应灵敏度。

(1) DNA标准曲线的制定:取10支试管分成5组,依次加入0.4、0.8、1.2、1.6、2.0ml DNA标准溶液,添加蒸馏水至2.0ml,另取2支试管,各加入2.0ml蒸馏水作为对照,然后各加入4.0ml二苯胺试剂,混匀,于60℃恒温水浴中保温1小时,冷却后于595nm处进行比色测定。取平均值,绘制标准曲线。

(2) 样品的测定:同标准曲线操作。

(3) DNA含量的计算

$$DNA\% = \frac{待测液中测得的DNA微克数}{待测液中样品的微克数} \times 100$$

(4) 二苯胺试剂:使用前称取1.0g重结晶二苯胺,溶于100ml分析纯冰乙酸中,再加入1ml过氯酸(60%以上),混匀待用,临用时加入1.0ml 1.6%乙醛。所配得试剂应为无色。

思考题

1. 微生物生物量测定的意义是什么?
2. 测定微生物生物量的方法有哪些?各自有何特点?
3. MPN测定法的原理是什么?
4. 平板菌落计数法测定的生物量是哪部分?其计数的原则有哪些?

实验十一　微生物细胞的固定化技术

微生物细胞具有多种酶系统，利用微生物细胞作为多种酶源，用固定化酶的制备方法，将微生物细胞体进行固定，从某种意义上可获得比固定化酶更好的效果。

一、微生物细胞的一般固定方法

固定化活细胞的制备方法主要有物理吸附法和包埋法两种。

1. 物理吸附法

带电的微生物细胞和载体之间的静电相互作用，使细胞体吸附固定在硅藻土、木材、玻璃、陶瓷和塑料等载体上。如酵母细胞是带负电的，在固定时要选择带正电的载体。在 pH 为 4 时，热带假丝酵母、酿酒酵母等在陶瓷表面上的吸附程度较大，载体表面的 40％～70％被细胞牢固吸附，不会被高流培养液冲掉。载体的性质也影响细胞与载体之间的相互作用，主要是载体的成分、表面电荷、表面积和 pH 的影响。所有的玻璃和陶瓷都是由不同比例的氧化硅、氧化镁等组成的，如将玻璃等放在溶液中，在它的表面会发生离子交换，形成不再是铝、硅等的氧化物，而为相应的氢氧化物。载体表面的羟基可被微生物细胞表面的氨基或羧基所取代，在细胞与载体之间形成键。物理吸附法固定化活细胞的酶活性不受影响，但吸附过程相当复杂，吸附过程与微生物的性质、载体的特性及细胞与载体之间发生的相互作用有关，只有这些参数配合恰当时才能形成稳定的微生物细胞——载体复合物。

物理吸附法固定微生物细胞现已广泛用于废水处理工程——生物膜法，中国科学院微生物研究所应用自养菌和异养菌的混合菌，吸附于玻璃钢蜂窝填料繁殖成生物膜，用以处理含硫氰酸钠的腈纶废水。北京工业大学应用驯化的混合菌吸附于活性炭的大孔及其表面，用以处理印染废水等。

2. 包埋法

将微生物细胞用物理的方法包埋在琼脂、海藻酸钠、明胶、聚丙烯酰胺和聚乙烯醇（PVA）等凝胶载体内，使微生物细胞固定化。一般的包埋成形法比较复杂，机械性能差、易磨损，不适于大批量生产。因而近年来一些学者又研究了一种制备珠型固定化细胞技术。

（1）琼脂凝胶包埋法。称取 4g 琼脂或琼脂糖溶于 50ml 0.2M pH 为 7.0 的磷酸缓冲液中，加热溶解后，冷却到 55℃左右，将细胞浓度为 60％左右的细菌悬浮液于 40℃下保温，然后与琼脂溶液混合均匀。用注射器针头将热的混合液滴入冷的甲苯溶液、四氯乙烯溶液或液体石蜡内，冷却形成 2～3mm 直径的小球。或将热琼脂-细菌混合液流加到搅拌下的 500ml 30℃的醋酸丁酯中，加完后继续搅拌 3 分钟，到混合物分散成小滴，迅速加入 300ml 冷的醋酸丁酯，再搅拌 2～5 分钟，倾去醋酸丁酯，抽滤干，用缓冲液洗至无醋酸丁酯味，即制成珠型固定化细胞，小珠 1～3mm。使用前将球形固定化细胞放入消毒好的营养液中

30℃下活化 24 小时后再用。

(2) 海藻酸钙凝胶包埋法。称取 2g 海藻酸钠，加 30ml 生理盐水于高压灭菌锅中加热溶解、冷却到 40℃，取 20ml 与 20ml 细胞浓度为 50％的细菌悬浮混合均匀，然后用注射器针头滴加到 0.1M 氯化钙或 4％的氯化钡溶液中，边滴边摇，使其形成 2mm 直径球型小珠，然后用生理盐水洗涤。或将混合液流加到搅拌下的 200～500ml 醋酸丁酯中，当分散成小滴后，迅速加入 5ml 0.1M 的氯化钙溶液，继续搅拌 5～10 分钟，自然沉降，倾去醋酸丁酯，再加入 50ml 0.1M 的氯化钙溶液，浸泡 1 小时，进一步固化，然后用蒸馏水彻底洗涤，即得直径为 1～3mm 的珠型固定化细胞。干后可保存于低温下，使用前需放入消毒好的营养液中 30℃下活化 24 小时后再用。由于磷酸盐会破坏凝胶的结构，因而在使用海藻酸钠固定细胞时尽量防止磷酸盐的加入。

(3) 明胶包埋法。称取 6g 明胶，加入 50ml 0.1M pH 为 7.0 的磷酸缓冲液，加热溶解后冷却至 40℃，取 20ml 与 20ml 细胞浓度为 60％的细菌悬液在 40℃混合均匀，冷却凝固后切成 1～2mm^{3}方块，然后再加 2.5％戊二醛，使包埋块悬浮在戊二醛溶液中，室温下轻轻搅拌 4 小时进行交联，滤去戊醛后，逐次用 0.1M 氯化钠和去离子水洗涤后即成。或者将明胶-菌体混合液流加到 200ml 20℃搅拌下的醋酸丁酯溶液中，当分散成小珠后，迅速加入 5ml 5％的戊二醛溶液，继续搅拌 5～10 分钟，倾去醋酸丁酯，水洗即得到珠型固定化细胞，再放入 50ml 的 pH 为 5.0 的戊二醛溶液中浸泡 30 分钟，然后彻底洗涤，即获得直径 1～3mm 的球形小珠。使用前将其放入营养液中 30℃下活化 24 小时后再用。用戊二醛交联的明胶包埋法，可获得机械强度及工作稳定性较好的固定化细胞。

(4) 聚丙烯酰胺凝胶包埋法。此法是较常用的一种包埋法。聚丙烯酰胺凝胶是由丙烯酰胺单体和交联剂甲叉双丙烯酰胺在催化剂作用下聚合形成三维网状结构的凝胶。常用的催化剂和加速剂是过硫酸铵和四甲乙二胺或三乙醇胺。

称取 17.6g 丙烯酰胺和 1.2g N-N′-甲叉双丙烯酰胺溶于 0.05M pH 为 7.0 的 Tris-HCl 缓冲液中，取 20ml 与 5g 的湿菌泥混合均匀，加入 50ml 的 40％过硫酸铵，混合均匀后流加到搅拌的豆油或液体石蜡中，搅拌分散成小滴，迅速加入 250ml 的四甲基乙二胺，小滴即很快聚合形成小珠，倾去流体，用水或缓冲液充分洗涤即可获得珠型固定化细胞。或将菌泥混合液加入 1％过硫酸铵 0.25ml 和 10％三乙醇胺 4ml，将上述混合液搅拌均匀，不要出现气泡，置于 40℃恒温浴中 30 分钟左右，即形成聚丙烯酰胺凝胶固定化细胞，在凝胶未干时切成 2～3mm^{3}小块，于 50～60℃中干燥后保存。使用前将包埋好的固定化细胞放入消毒后的营养液中活化 24 小时再用。

二、活性污泥固定化

混合菌种的固定化可分为活性污泥的固定化和经过筛选的混合菌种的固定化两种。

1. 活性污染的包埋法固定化

把好氧生物处理中的活性污泥用一定的包埋方法进行固定化，从而得到具有一定形状的、能降解 BOD 能力的固定化细胞体系。包埋活性污泥时使用的包埋剂与一般细胞包埋剂相同。从包埋后的强度和成本上看，聚丙烯酰胺和聚乙烯醇较好，但从对活性污染中微生物的毒性方面来看，海藻酸钠和琼脂较好。

包埋时使用的活性污泥,一般取自城市污水处理厂的曝气池中,用自配废水进行一定时期的驯化培养,经离心洗涤后包埋。被包埋活性污泥的浓度因使用的包埋剂种类不同而不同,一般使用 80~100g/L 的活性污泥浓缩液。在活性污泥的固定化中,由于污泥中的微生物是被包埋在凝胶材料内部,所以氧的传递会受到一定的阻碍,不利于好氧菌的生长。一般包埋法活性污泥有可能在下述几方面获得成功:①低浓度有机物的快速分解,如生活污水的高效处理;②在低温下达到较好的 BOD 去除率;③高效脱氮、硝化等。

2. 经筛选的混合菌细胞的包埋法固定化

把经过富集培养筛选得到的混合菌系用一定的包埋方法加以固定,从而得到对特定污染物有高效降解作用的固定化细胞体系。这种方法可以将选育出的高效降解菌系或专门降解某种难于生物降解有机物的菌系,以很高的浓度包埋在凝胶材料中,人为地使这些菌种成为优势菌,并且不会随污泥的排放而消失,使所选育菌种高效地发挥作用。

例 1 琼脂凝胶包埋产甲烷菌群 用消化污泥作接种源,接种于富集培养基内,经 20 天富集,离心收集产甲烷菌群细胞进行包埋。包埋时取 0.02g 湿细胞,加入含有 0.02g 琼脂的 1ml 生理盐水(50℃),混合后快速降温至 37℃,得到琼脂包埋的产甲烷菌群固定化细胞。琼脂凝胶的结构保护了产甲烷菌和产氢细菌免受氧气的侵害,因此固定化细胞在好氧条件下也可以连续产甲烷。由于产氢细菌和产甲烷共同包埋在琼脂凝胶中,因此前者产生的氢气能够有效地被产甲烷菌利用。这种固定化细胞在 5℃ 0.1M pH 为 7.0 的磷酸缓冲液中保存 90 天,产甲烷速率没有发生变化。

例 2 聚乙烯醇包埋降解洗涤剂 LAS 的菌系 取生活污水厂的污水按 1% 的接种量接种到富集培养基内,在转速为 133r/min、30℃ 的恒温摇床中培养 30 小时,将富集菌液在经过 4 000r/min 下离心 20 分钟,去掉上清液,将湿菌泥与一定浓度的聚乙烯醇混合均匀,细菌容量在混合液中为 5.36%;聚乙烯醇浓度在混合液中为 12.5%。将混合液滴加到冷却的饱和硼酸液中,静置 30 小时后取出小球,用清水冲洗,用滤纸将小球表面的水分吸干,然后固定化细胞即可进行降解 LAS 的试验。试验表明,这种固定化细胞对 LAS 有很强的降解能力,而且聚乙烯醇固定化细胞机械强度很好,可以保存,在间歇式运行中几乎没有污泥产生。

例 3 琼脂包埋降解苯酚的细菌 用厌氧消化器中污泥作接种泥,接种于富集培养基中,经过每两天向富集培养液中加入一定量的苯醛进行富集筛选后,获得 3 个生理型细菌菌株:苯酚氧化菌、类产甲烷丝状菌和利用氢的产甲烷菌。然后将这 3 类细菌一起包埋在琼脂中,包埋要在厌氧条件下进行,琼脂浓度为 2%。琼脂的细菌混合后,采用自然冷却固化,得到固定化细胞,再进行苯酚降解活性的试验。试验表明,琼脂凝胶结构对固定化细胞有保护作用,对苯酚的耐受力比自然细胞大,苯酚浓度大于 500μg/ml 时,自然细胞对苯酚降解速度下降,而固定化细胞只有苯酚浓度在 1 000μg/ml 以上时对苯酚降解速率才下降。当苯酚浓度在 2 000μg/ml 时,自然细胞的降解活性完全被抑制,而固定化细胞仍有一定的活性。可见固定化对于有毒有机物的降解以及抵抗高浓度有毒有机物对微生物的抑制是有益的。

三、微生物酶与细胞共固定化

利用交联剂将微生物细胞与一种或几种其他来源的酶结合起来,形成一种结合型的固定化催化剂。这种共固定化技术可以充分利用细胞和酶各自的特点，并能把不同来源的酶和整个细胞的生物催化性质结合起来，充分发挥细胞内、外两种不同性质酶联合催化性质，而且方法简单，成本低，固定化颗粒小，比活性高，热稳定性好，氧利用效果好，产物转化效率高。

用碳化二亚胺作交联剂，把酶共价结合到海藻酸钠上，然后加入微生物细胞混合均匀后，滴加到氯化钙溶液中，形成直径为 2～3mm 含有细胞和酶的共固定化颗粒。也可将脱水后的微生物悬浮在要结合的酶溶液中，使酶沉淀在重新水化的细胞壁上，然后脱水，再加入戊二醛和单宁，使酶与细胞交联在一起，形成共固定化。

将微生物细胞体用去离子水离心洗涤 2 次，然后再用异丙醇在 5℃ 下处理，以增强透性，而后在 30℃ 下真空干燥，得 5g 干细胞体，然后用边搅拌边悬浮的方法使其悬浮于 50ml 含有 0.4g 的卵清蛋白和 20ml 酶浓缩液（酶活为 2 600BU）中，接着再添加 80ml 异丙醇和 8ml 戊二醛（25％W/W）混合物，并在 25℃ 下振荡培养 2 小时，离心或过滤收集细胞体，再用去离子水于 5℃ 下洗涤 2 次，再悬浮于 0.1M 柠檬酸-0.2M 磷酸缓冲液中，就可获得酶——细胞结合型固定化生物催化剂。

思考题

1. 微生物细胞的固定化技术有哪些？各自有何特点？
2. 海藻酸钙凝胶包埋法的操作步骤与注意事项有哪些？

实验十二 过氧化氢酶活化性的测定

过氧化氢酶能酶促过氧化氢分解为水和分子氧的反应：

$$2H_2O_2 \xrightarrow{酶} 2H_2O + O_2$$

过氧化氢是在生物呼吸的过程中和由于有机物质的各种生物化学氧化反应的结果而形成的。在生物体中（包括在土壤中），过氧化氢酶的作用在于破坏对生物体有毒的过氧化氢。

测定过氧化氢酶的方法，是基于过氧化氢与基质相互作用时，根据析出氧的体积（气量法）或未分解的过氧化氢的量（用高锰酸钾滴定或通过生成有色络合物进行比色求出）测出过氧化氢的分解速度。

过氧化氢酶活性的测定，一般在较低的温度（18℃）甚至在2℃情况下以及中性条件下进行。

一、气量法（演示实验）

1. 方法原理

本法基于过氧化氢酶促过氧化氢释放的氧量来表示酶活性。测定可在 Warburg 呼吸器或者简易的气量计中进行。

2. 试剂配制

（1）3％过氧化氢溶液。

（2）$CaCO_3$。

3. 测定操作

置1g土壤和$0.5 CaCO_3$于50ml带侧室的反应瓶中。侧室加入2ml 3％H_2O_2，然后连接于 Warburg 呼吸器侧压管上，并将反应瓶置于20℃恒温水浴中，平衡温度30分钟。然后调准测压管水平，关闭连通空气活塞，将侧室的H_2O_2倒入土壤中。开始计时，经半分钟、1分钟、2分钟，由侧压管求出释放氧的微升数。按此操作，用150℃干热灭菌的土壤对照。酶的活性以1g土壤1分钟释放出氧的微升数表示。

二、滴定法

（一）方法原理

本法是基于用高锰酸钾滴定酶促反应前后，过氧化氢的量，由二者之间的差求出分解

H_2O_2 的量，以此来表示酶的活性。

$$2KMnO_4 + 5H_2O_2 + 3H_2SO_4 \rightarrow 2MnSO_4 + K_2SO_4 + 8H_2O + 5O_2$$

（二）试剂配制

1. 酶促反应试剂
0.3%的过氧化氢：按1：100将30%的过氧化氢用水稀释。
2. 测定试剂
（1）1.5mol/L 的硫酸。
（2）0.002mol/L $KMnO_4$：称取化学纯 $KMnO_4$ 0.3161g，溶于1L 无 CO_2 的蒸馏水中，在棕色瓶中保存，备用。

（三）测定操作

称取 5g 新鲜土壤于 100ml 三角瓶中。加入 40ml 蒸馏水和 5ml 0.3%的 H_2O_2。充分摇匀后半小时。取出，迅速加入 1.5mol/L H_2SO_4 5ml，振荡，摇匀，过滤。取 25ml 滤液，用 0.002mol/L $KMnO_4$ 滴定至紫红色。按此操作，用不加土壤的基质作对照测定，并根据对照和试样 $KMnO_4$ 的滴定差，求出相当于分解的 H_2O_2 的量的 0.002mol/L $KMnO_4$ 消耗值。
酶活性以 1g 土壤、1 小时内消耗 0.002mol/L $KMnO_4$ ml 数表示。

三、比色法

方法原理：本法是在酸性情况下，过氧化氢能与硫酸酞反应，生成黄橙色的过二硫代钛酸，其颜色深度与过氧化氢的浓度相关，因而能用于酶活性测定。

思考题

1. 测定过氧化氢酶活性的意义何在？
2. 滴定法测试的原理是什么？
3. 简述滴定法测试的步骤及酶活性单位。

实验十三　生化需氧量测试

生化需氧量的测试是一种生物鉴定方法，是对废物样品中可被生物降解的有机物质数量的测试，即用微生物代谢作用所消耗的氧量来表示可被生物降解的有机物的数量。为了简化，含碳物质的耗氧量（CBOD）这个复杂的测试过程被简化为：

微生物（细菌、原生动物）＋有机物＋O_2＋营养物质（N、P等）→更多微生物＋CO_2＋H_2O＋剩余有机物＋NH_4^+

既然是对有机物质降解能力的评价过程，有很多因素可以影响降解速率，如pH、DO、营养物质、菌种、温度等条件，那么这些影响因子必须加以限定。此外，为了确保在整个试验过程中具有足够的溶解氧（DO），保证实验结果可靠，实验时要确保培养后，培养瓶中剩余的DO浓度至少0.5mg/L；培养前后，溶解氧浓度差至少2mg/L。BOD测试的标准温度条件，20℃时水中的DO约9mg/L，实际废水中含有的有机物质，其需氧量往往超过水中可利用的DO量。因此，在培养前需对水样进行稀释，使培养后剩余的DO符合规定。稀释水必须含有微生物生长的无机营养、最佳pH缓冲剂及饱和溶解氧；接种的微生物可以取自城市废水、土壤浸出液、含有城市污水的河水或湖水、污水处理厂出水、或某特定工业废水排放口下游3~8km的水。

从经验和理论上，BOD测试过程中含碳有机物的氧化速率接近于用一级反应动力学方程描述：

$$y=L_0(1-e^{-kt}) \tag{1}$$

或者

$$y=L_0(1-10^{-k't}) \tag{2}$$

式中：L_0——0时刻培养瓶的BOD，这是最终测试的BOD，即无限长时间后培养瓶中的最终溶解氧量；

y——t时刻测试到的BOD，即t时刻测试的DO量；

t——时间（天）；

k——假一级速率常数（e为底数），天$^{-1}$；通常，沉降生活污泥的k为0.23/天；

k'——假一级速率常数（10为底数），天$^{-1}$；通常，沉降生活污泥的k为0.1/天。

一、实验目的

确定环境样品的五日生化需氧量。

二、试剂

分析时，只采用公认的分析纯试剂和蒸馏水或同等纯度的水（在全玻璃装置中蒸馏的水或去离子水），水中含铜不应高于 0.01mg/L，并不应有氯、氯胺、苛性碱、有机物和酸类。

1. 接种水

如试验样品本身不含有足够的合适性微生物，应采用下述方法之一，以获得接种水：

(1) 城市废水，取自污水管或取自没有明显工业污染的住宅区污水管。这种水在使用前应倾出上清液备用。

(2) 在 1L 水中加入 100g 花园土壤，混合并静置 10 分钟，取 10ml 上清液用水稀释之 1L。

(3) 含有城市污水的河水或湖水。

(4) 污水处理厂出水。

(5) 当待分析水样为含难降解物质的工业废水时，取自待分析水排放口下游 3~8km 的水或所含微生物适宜于待分析水并经实验室培养过的水。

2. 盐溶液

下述溶液至少可稳定 1 个月，应储存在玻璃瓶内，置于暗处。一旦发现有生物滋生迹象，则应弃去不用。

(1) 磷酸盐缓冲溶液：将 8.5g 磷酸二氢钾、21.75g 磷酸氢二钾、33.4g 七水磷酸氢二钠和 1.7g 氯化铵溶于约 500ml 水中，稀释至 1 000ml 并混合均匀。此缓冲溶液的 pH 应为 7.2。

(2) 硫酸镁溶液：将 22.5g 的七水硫酸镁溶于水中，稀释至 1 000ml 并混合均匀。

(3) 氯化钙溶液：将 27.5g 污水氯化钙（若用水合氯化钙，要取相当的量）溶于水，稀释至 1 000ml 并混合均匀。

(4) 氯化铁溶液：将 0.25g 六水氯化铁 Fe^{3+} 溶解于水中，稀释至 1 000ml 并混合均匀。

3. 稀释水

取上述各种每种盐溶液 1ml，加入约 500ml 水中，然后稀释至 1 000ml 并混合均匀，将此溶液置于 20℃ 下恒温、曝气 1 小时以上，采取各种措施，使其不受污染，特别是不被有机物质、氧化或还原物质或金属污染。确保溶解氧浓度不低于 8mg/L。

此溶液的五日生化需氧量不得超过 0.2mg/L。

此溶液应在 8 小时内使用。

4. 接种的稀释水

根据需要和接种水的来源，向每升稀释水中加 1.0~5.0ml 接种水，将已接种的稀释水在约 20℃ 下保存，8 小时后尽早应用。

已接种的稀释水的五日（20℃）耗氧量应在每升 0.3~1.0mg 之间。

5. 盐酸溶液

0.5mol/L。

6. 氢氧化钠溶液

20g/L。

7. 亚硫酸钠溶液

1.575g/L，此溶液不稳定，需每天配制。

8. 葡萄糖-谷氨酸标准溶液

将一些无水葡萄糖（$C_6H_{12}O_6$）和一些谷氨酸（$HOOC-CH_3-CH_2-CHNH_2-COOH$）在103℃下干燥1小时，每种称量150±1mg，溶于蒸馏水中，稀释至1 000ml并混合均匀。

此溶液于临用前配制。

三、仪器

（1）培养瓶：细口瓶的容量在250～300ml之间，带有磨口玻璃塞，并具有供水封用的钟形口，最好是直肩的。

（2）培养箱：能控制在20±1℃。

（3）稀释容器：带塞玻璃瓶，刻度精确到毫升，其容积大小取决于使用稀释样品的体积。

四、样品的储存

样品需充满并密封于瓶中，置于2～5℃保存到进行分析时。一般应在采样后6小时之内进行检验。若需远距离转运，在任何情况下储存皆不得超过24小时。

样品也可以深度冷冻储存。

五、操作步骤

1. 样品预处理

（1）样品的中和：如果样品的pH不在6～8之间，先做单独实验，确定需要用的盐酸溶液或氢氧化钠溶液的体积，再中和样品，不管有无沉淀形成。

（2）含游离氯或结合氯的样品：加入所需体积的亚硫酸钠溶液，使样品中自由氯和结合氯失效，注意避免加过量。

2. 试验水样的准备

将实验样品的温度升至约20℃，然后在半充满的容器内摇动样品，以便消除可能存在的过饱和氧。

将已知体积样品置于稀释容器中，用稀释水或接种稀释水稀释，轻轻地混合，避免夹杂空气泡。稀释倍数可参考表13-1。

表 13-1 测定 BOD5 时建议稀释的倍数

预期 BOD5 值（mg/L）	稀释比	结果取整到	适用的水样
2~6	1~2 之间	0.5	R
4~12	2	0.5	R, E
10~30	5	0.5	R, E
20~60	10	1	E
40~120	20	2	S
100~300	50	5	S, C
200~600	100	10	S, C
400~1 200	200	20	I, C
1 000~3 000	500	50	I
2 000~6 000	1 000	100	I

注：表中 R. 河水；E. 生物净化过的污水；S. 澄清过的污水或轻度污染的工业废水；C. 原污水；I. 严重污染的工业废水

若采用的稀释比大于 100，将分两步或几步进行稀释。若需要抑制硝化作用，则加入烯丙硫脲（ATU，$C_4H_3N_2S$）或 2-氯代-6-三氯甲基吡啶（TCMP，$Cl-C_5H_3N-CCl_3$）试剂。若只需要测定有机物降解的耗氧，必须抑制硝化微生物以避免氮的硝化过程，为此目的，在每升稀释样品中加入 2ml 浓度为 500mg/L 的 ATU 溶液或一定量的固定在氯化钠（NaCl）上的 TCMP，使 TCMP 在稀释样品中浓度大约为 0.5mg/L。

恰当的稀释比应使培养后剩余溶解氧至少有 1mg/L 和消耗的溶解氧至少 2mg/L。

当难于确定恰当的稀释比时，可先测定水样的总有机碳（TOC）或重铬酸盐法化学需氧量（COD），根据 TOC 或 COD 估计 BOD5 可能值，再围绕预期的 BOD5 值，做几种不同的稀释比，最后从所得测定结果中选取合乎要求条件者。

3. 空白试验

用接种稀释水进行平行空白实验测定。

4. 测定

按采用的稀释比用虹吸管充满两个培养瓶至稍溢出。将所有附着在瓶壁上的空气泡赶掉，盖上瓶盖，小心避免夹空气泡。

将瓶子分为两组，每组都含有一瓶选定稀释比的稀释水样和一瓶空白溶液。

放一组瓶于培养箱中，并在暗箱中放置 5 天。

在计时起点时，测量另一组瓶的稀释水样和空白溶液中的溶解氧浓度。

达到需要培养的 5 天时间时，测定放在培养箱中那组稀释水样和空白溶液的溶解氧浓度。

5. 验证试验

为了检验接种稀释水、接种水和分析人员的技术，需进行验证试验。将 20ml 葡萄糖-谷氨酸标准溶液用接种稀释水稀释至 1 000ml，并且按照上述测定步骤进行测定。

得到的 BOD5 应在 180~230mg/L 之间，否则，应检查接种水。如果必要，还应检查分析人员的技术。

本试验同试验样品同时进行。

六、结果的表示

（1）被测定溶液若满足以下条件，则能获得可靠的测定结果。

培养 5 天后：剩余 $DO \geqslant 1mg/L$；

消耗 $DO \geqslant 2mg/L$。

若不能满足以上条件，一般应舍掉该组结果。

（2）BOD5 以每升消耗氧的毫克数表示，由下式算出：

$$BOD5 = \left[(c_1 - c_2) - \frac{V_1 - V_c}{V_t} (c_3 - c_4) \right] \frac{V_1}{V_e}$$

式中：c_1——在初始计时时一种试验水样的溶解氧浓度，mg/L；

c_2——培养 5 天时同一种水样的溶解氧浓度，mg/L；

c_3——在初始计时时空白溶液的溶解氧浓度，mg/L；

c_4——培养 5 天时空白溶液的溶解氧浓度，mg/L；

V_e——制备该试验水样用去的样品体积，ml；

V_1——该试验水样的总体积，ml。

若有几种稀释比所得数据皆符合六中的第一条件，则几种稀释比所得结果皆有效，以其平均值表示检验结果。

思考题

分析 BOD5、NBOD、CBOD 的关系。

实验十四 富营养化水体中藻类的测定（叶绿素 a 法）

一、目的要求

通过测定水体中叶绿素 a 的含量来定量检测藻类的生物量。

二、基本原理

衡量藻类生长状况的生物学指标主要有代表藻类现存量的叶绿素 a（mg/L）和生物指标。

藻类和浮游植物依靠光合作用生长，而叶绿素 a 是所有藻类的主要光合色素，因此水体中叶绿素 a 含量是反映藻类光合作用潜力的一种指标。叶绿素 a 含量反映藻类生物量的多少，常被作为衡量藻型湖泊水体中藻类现存量的代表性参数及评价水体富营养化状况的主导因子。叶绿素 a、b 的丙酮提取液在红光区的最大吸收峰分别为 663nm 和 645nm，利用分光光度测定其光密度，即可用公式计算出提取液中的叶绿素 a 含量。

三、器材

真空泵、抽滤漏斗、0.45μm 微孔滤膜（混合纤维）、滤膜、研钵、分光光度计、离心机、离心管。

四、操作步骤

（1）样品经微孔滤膜抽滤过滤。
（2）滤膜放入研钵内，每张滤膜加 90% 的丙酮溶液 2～3ml，充分研磨，提取液放置在冰箱中 4℃ 提取 24 小时。
（3）在 3 000～4 000r/min 下离心 10 分钟。
（4）取上清液移入比色皿内，放入分光光度计稳定一定时间，分别在 750nm、663nm、645nm、630nm 波长下测提取液的吸光度。
（5）叶绿素 a 含量的计算公式如下：

叶绿素 a (mg/L) = {[11.64×($D663-D750$)-2.16×($D645-D750$)+0.10×($D630-D750$)]×V_1}/($V×δ$)

式中：V——样品体积（ml）；

D——吸光度；

V_1——最后提取液体积（ml）；

$δ$——比色杯宽度（cm）。

思考题

1. 计算出样品中叶绿素 a 的含量。
2. 叶绿素 a 含量的计算公式的意义是什么？

实验十五　噬菌体效价的测定（双层琼脂培养法）

一、目的要求

学习噬菌体效价测定的基本方法。

二、基本原理

在宿主细菌生长的固体琼脂平板上，噬菌体可裂解细菌而形成透明的空斑，称噬菌体斑，一个噬菌体产生一个噬菌斑，利用这一现象可将分离到的噬菌体进行纯化与测定噬菌体的效价。噬菌体的效价就是 1ml 培养液中所含活噬菌体的数量。效价测定的方法，一般应用双层琼脂平板法。由于含有特异宿主细菌的琼脂平板上，一个噬菌体产生一个噬菌体斑，因此，能进行噬菌体的计数。

三、器材

噬菌体原液、大肠杆菌敏感菌株、平皿、吸管、试管、玻璃涂布器、培养箱等。培养基采用牛肉膏蛋白胨培养基。上层琼脂培养基含琼脂 0.7%，底层琼脂平板含琼脂 1.8%。

四、操作步骤

（1）将大肠杆菌以液体培养法于适当温度下培养，一般培养 16～24 小时。
（2）以 1% 牛肉膏蛋白胨液体培养基为稀释液，将噬菌体原液作 10 倍序列稀释，一般稀释至 10^7 倍即可。
（3）取噬菌体稀释液 100ml 与寄主菌液 300ml 均匀混合，静置 15 分钟使其感染。
（4）将上述混合液加入 5ml 冷却至约 45℃ 的 0.7%琼脂培养基中，均匀混合后立即平铺于已凝固的 1.8%琼脂培养基上。
（5）将平板置于 37℃ 下，一般培养 8～24 小时，待溶菌斑产生后观察并计算其数目。
（6）将每一稀释度的噬菌斑数目记录于实验报告表格内，并选取 30～300 个噬菌斑的平板计算每毫升未稀释的原液的噬菌体数（效价）。噬菌体效价（pfu/ml）＝溶菌斑数×稀释倍数×取样量折算数。

思考题

1. 绘图表示平板上出现的噬菌斑。
2. 计算噬菌体原液的效价。
3. 噬菌体效价测定为何选30～300个噬菌斑的平板计算？

实验十六　藻类观察、计数和鉴定

一、目的要求

对水体浮游藻类进行形态观察，统计藻类数量；鉴定优势种；初步了解样品中藻类种群的结构。

二、基本原理

血球计数板是一块特制的厚型载玻片，载玻片上有4条槽而构成3个平台。中间的平台较宽，其中间又被一短横槽分隔成两半，每个半边上面各有一个计数区，计数区的刻度有两种：一种是计数区分为16个大方格（大方格用三线隔开），而每个大方格又分成25个小方格；另一种是一个计数区分成25个大方格（大方格之间用双线分开），而每个大方格又分成16个小方格。但是不管计数区是哪一种构造，它们都有一个共同特点，即计数区都由400个小方格组成。

计数时如采用16个大方格的计数板，要按对角线方位，取左上、左下、右上、右下的4个大方格（即100小方格）的藻数。如果是25大方格计数板，除数上述四格外，还需数中央1大方格的藻数（即80小方格）。

计数区边长为1mm，则计数区的面积为1mm^2，每个小方格的面积为1/400mm^2。盖上盖玻片后，计数区的高度为0.1mm，所以每个计数区的体积为0.1mm^3，每个小方格的体积为1/4 000mm^3。

使用血球计数板计数时，先要测定每个小方格中藻类的数量，再换算成每毫升菌液（或每克样品）中藻类的数量。

每毫升水样中含有细胞数＝每个小格中藻类平均数（N）×4 000÷水样浓缩倍数（d）。

三、器材

显微镜、血球计数板、沉降筒。

四、操作步骤

(1) 采集水样1L，加入15ml鲁哥氏液固定，水样摇匀带回实验室。

(2) 置 1L 圆柱形沉降筒中静沉 24～36 小时后,用虹吸管小心吸出上清液,将剩下的 20～25ml 浓缩液摇匀,移入 30ml 定量标本瓶中,然后用吸出的上清液少许冲洗沉降筒,移入上述 30ml 的定量标本瓶中定容。

(3) 将浓缩样摇匀,取 0.1ml 于计数框中,小心盖上盖玻片,置 10×40 倍显微镜下对各种藻类计数。

(4) 显微镜下对优势藻类进行绘图。

(5) 依据《中国淡水藻类》鉴定优势藻类种属。

思考题

1. 绘制出观察到的 2～3 种藻。
2. 对绘出的藻种进行鉴定。
3. 统计出水样中藻类密度。

附录一 苯酚降解实验

一、原理

某些微生物体内含有特殊酶系,能以苯酚作为生长的唯一碳源与能源。从环境中筛选出一株降解苯酚能力较强的热带假丝酵母,28℃下振荡培养 24 小时能将 500×10^{-6} 的苯酚去除 50% 以上。其主要代谢途径是:

酚的测定采用溴化法。

$$KBrO_3 + 5KBr + 6HCl \rightarrow 3Br_2 + 6KCl + 3H_2O$$
$$C_6H_5OH + 3Br_2 \rightarrow C_6H_2Br_3OH + 3HBr$$
$$C_6H_2Br_3OH + Br_2 \rightarrow C_6H_2Br_3OBr + HBr$$
$$Br_2 + 2KI \rightarrow 2KBr + I_2$$
$$C_6H_2Br_3OBr + 2KI + 2HCl \rightarrow C_6H_2Br_3OH + 2KCl + HBr + I_2$$
$$2Na_2S_2O_3 + I_2 \rightarrow 2NaI + Na_2S_4O_6$$

二、材料

1. 菌株

热带假丝酵母(Candida tropicalis)。

2. 培养基

(1) 麦芽汁斜面:取波美度 10 的麦芽汁,调 pH 为 5~6 加 2% 琼脂制成斜面。

(2) 合成培养液。

成分:

硫酸铵〔$(NH_4)_2SO_4$〕	4g
硫酸镁($MgSO_4 \cdot H_2O$)	0.5g
磷酸二氢钾(KH_2PO_4)	0.1g
酵母膏	0.2g
苯酚(C_6H_5OH)	0.5g
蒸馏水	1 000ml pH 自然

制法:配制时,苯酚配成 50mg/ml 母液,待其余成分灭菌后凉至室温再按比例加入,然后分装(50ml/250ml 三角烧瓶)。

3. 试剂

(1) 1%淀粉溶液。

(2) 0.025M硫代硫酸钠标准溶液。称取6.2g硫代硫酸钠（$Na_2S_2O_3 \cdot 5H_2O$）溶于煮沸放冷的水中，加入0.2g碳酸钠，稀释至1 000ml。

(3) 0.100 0M溴化液：称2.784g干燥的分析纯溴酸钾（$KBrO_3$）及10g分析纯溴化钾（KBr）稀释至1L。

(4) 1∶1盐酸。

(5) 50%碘化钾溶液。

三、方法

1. 菌种培养

从新鲜麦芽汁斜面取三环菌体接种至50ml含苯酚培养液中28～30℃下振荡培养24小时，此即母菌液。

2. 酚液降解

将母菌液按5%接入50ml含酚培养液中，另取同样一瓶培养液，不接菌种，作为对照，一起于28～30℃下振荡培养，24～36小时后测定结果。

3. 酚量测定

具体步骤如下：

(1) 于250ml碘量瓶中加蒸馏水40ml，加1∶1盐酸5～7ml，分别用吸管（或移液管）准确吸取接过菌种的培养液5ml和溴化液10ml加入，盖上瓶塞、摇匀后静置15分钟。

(2) 加碘化钾溶液2ml（约1g），摇匀，放置5分钟。

(3) 用0.025M硫代硫酸钠标液滴定至淡黄色，加淀粉液作指示剂，继续滴至蓝色刚好消失为终点。记录硫代硫酸钠标液的用量。

同样的方法，分别取5ml蒸馏水和5ml未接菌种的培养液滴定，记录标液消耗量。

4. 结果计算

按下式计算苯酚浓度：

$$苯酚（mg/L） = \frac{(a-b) \times 15.67 \times 0.025}{V} \times 1\,000$$

式中：a——空白（蒸馏水）所耗硫代硫酸钠溶液（ml）；

b——水样所耗硫代硫酸钠溶液（ml）；

V——水样体积（ml）；

15.67——（$\frac{1}{6}C_6H_5OH$）摩尔质量（g/moL）；

0.025——硫代硫酸钠的摩尔浓度。

附录二 稀释法测数统计表

（一）三管平行计数统计表

数量指标	细菌近似值	数量指标	细菌近似值	数量指标	细菌近似值
000	0.0	201	1.4	302	6.5
001	0.3	202	2.0	310	4.5
010	0.3	210	1.5	311	7.5
011	0.6	211	2.0	312	11.5
020	0.6	212	3.0	313	16.0
100	0.4	220	2.0	320	9.5
101	0.7	221	3.0	321	15.0
102	1.1	222	3.5	322	20.0
110	0.7	223	4.0	323	30.0
111	1.1	230	3.0	330	25.0
120	1.1	231	3.5	331	45.0
121	1.5	232	4.0	332	110.0
130	1.6	300	2.5	333	140.0
200	0.9	301	4.0		

(二) 四管平行计数统计表

数量指标	细菌近似值	数量指标	细菌近似值	数量指标	细菌近似值	数量指标	细菌近似值
000	0.0	113	1.3	231	2.0	402	5.0
001	0.2	120	0.8	240	2.0	403	7.0
002	0.5	121	1.1	241	3.0	410	3.5
003	0.7	122	1.3	300	1.1	411	5.5
010	0.2	123	1.6	301	1.6	412	8.0
011	0.5	130	1.1	302	2.0	413	11.0
012	0.7	131	1.4	303	2.5	414	14.0
013	0.9	132	1.6	310	1.6	420	6.0
020	0.5	140	1.4	311	2.0	421	9.5
021	0.7	141	1.7	312	3.0	422	13.0
022	0.9	200	0.6	313	3.5	423	17.0
030	0.7	201	0.9	320	2.0	424	20.0
031	0.9	202	1.2	321	3.0	430	11.5
040	0.9	203	1.6	322	3.5	431	16.5
041	1.2	210	0.9	330	3.0	432	20.0
100	0.3	211	1.3	331	3.5	433	30.0
101	0.5	212	1.6	332	4.0	434	35.0
102	0.8	213	2.0	333	5.0	440	25.0
103	1.0	220	1.3	340	3.5	441	40.0
110	0.5	221	1.6	341	4.5	442	70.0
111	0.8	222	2.0	400	2.5	443	140.0
112	1.0	230	1.7	401	3.5	444	160.0

（三）五管平行计数统计表

数量指标	细菌近似值	数量指标	细菌近似值	数量指标	细菌近似值	数量指标	细菌近似值
000	0.0	203	1.2	400	1.3	513	8.5
001	0.2	210	0.7	401	1.7	520	5.0
002	0.4	211	0.9	402	2.0	521	7.0
010	0.2	212	1.2	403	2.5	522	9.5
011	0.4	220	0.9	410	1.7	523	12.0
012	0.6	221	1.2	411	2.0	524	15.0
020	0.4	222	1.4	412	2.5	525	17.5
021	0.6	230	1.2	420	2.0	530	8.0
030	0.6	231	1.4	421	2.5	531	11.0
100	0.2	240	1.4	422	3.0	532	14.0
101	0.4	300	0.8	430	2.5	533	17.5
102	0.6	301	1.1	431	3.0	534	20.0
103	0.8	302	1.4	432	4.0	535	25.0
110	0.4	310	1.1	440	3.5	540	13.0
111	0.6	311	1.4	441	4.9	541	17.0
112	0.8	312	1.7	450	4.0	542	25.0
120	0.6	313	2.0	451	5.0	543	30.0
121	0.8	320	1.4	500	2.5	544	35.0
122	1.0	321	1.7	501	3.0	545	45.0
130	0.8	322	2.0	502	4.0	550	25.0
131	1.0	330	1.7	503	6.0	551	35.0
140	1.1	331	2.0	504	7.5	552	60.0
200	0.5	340	2.0	510	3.5	553	90.0
201	0.7	341	2.5	511	4.5	554	160.0
202	0.9	350	2.5	512	6.0	555	180.0

附录三 常用染色液的配制

1. 齐氏（Ziehl）石碳酸复红染色液

溶液 A：碱性复红（basic fuchsin）　　　　　　0.3g
　　　　95％酒精　　　　　　　　　　　　　　10ml
溶液 B：石碳酸　　　　　　　　　　　　　　　5.0g
　　　　蒸馏水　　　　　　　　　　　　　　　95ml

将碱性复红在研钵中研磨后，逐渐加入 95％酒精，继续研磨使之溶解，配成溶液 A。将石碳酸溶解在蒸馏水中，配成溶液 B。
将溶液 A 与溶液 B 混合即成。通常将此混合液稀释 5～10 倍使用。因稀释液易变质失效，故一次不宜多配。

2. 吕氏（Loeffler）碱性美蓝染液

溶液 A：美蓝（methylene blue，亦称亚甲蓝）　0.6g
　　　　95％酒精　　　　　　　　　　　　　　30ml
溶液 B：KOH　　　　　　　　　　　　　　　　0.01g
　　　　蒸馏水　　　　　　　　　　　　　　　100ml

分别配制溶液 A 和溶液 B，配好后混合即可。

3. 草酸铵结晶紫染液

溶液 A：结晶紫（crystal violet）　　　　　　　2.0g
　　　　95％酒精　　　　　　　　　　　　　　20ml
溶液 B：草酸铵 $[(NH_4)_2C_2O_2 \cdot H_2O]$　　　0.8g
　　　　蒸馏水　　　　　　　　　　　　　　　80ml

将溶液 A 及溶液 B 混合，静置 48 小时后使用。

4. 鲁哥氏（Lugol）碘液

I_2　　　　　　　　　　　　　　　　　　　　1.0g
KI　　　　　　　　　　　　　　　　　　　　　2.0g
蒸馏水　　　　　　　　　　　　　　　　　　　300ml

先将 KI 溶解在少量蒸馏水中，再将 I_2 溶解在 KI 溶液中，然后加水至 300ml 即成。

5. 蕃红染色液

蕃红（safranine O，亦名沙黄）　　　　　　　　2.5g
95％酒精　　　　　　　　　　　　　　　　　　100ml
蒸馏水　　　　　　　　　　　　　　　　　　　90ml

将上述配好的蕃红酒精液 10ml 与 90ml 蒸馏水混合即成。

6. 孔雀绿染色液

孔雀绿（malachite green）	5.0g
蒸馏水	100ml

7. 黑色素水溶液

黑色素（nigrosin）	5.0g
蒸馏水	100ml
福尔马林（40％）甲醛	0.5ml

将黑色素在蒸馏水中煮沸 5 分钟，然后加入福尔马林作防腐剂，用玻璃棉过滤。

8. 鞭毛染色液

溶液 A：单宁酸（鞣酸）	5.0g
$FeCl_3$	1.5g
蒸馏水	100ml
15％甲醛	2ml
1％NaOH	1ml

* 配成后，只供当日使用。

溶液 B：$AgNO_3$	2.0g
蒸馏水	100ml

待 $AgNO_3$ 溶解于水后，取出 10ml 备用。向其余的 90ml $AgNO_3$ 中滴入浓 NH_4OH，使之成为很浓厚的悬浮液，再继续滴加 NH_4OH，直至新形成的沉淀又重新刚刚溶解为止。再将备用的 10ml $AgNO_3$ 慢慢滴入，则出现薄雾，但轻轻摇动后，薄雾状沉淀又消失，再滴入 $AgNO_2$，直至摇动后仍呈现轻微而稳定的薄雾状沉淀为止。如所呈雾不重，此染剂可使用一周；如雾重，则银盐沉淀出，不宜使用。

参考文献

1. 代群威. 环境工程微生物学实验 [M]. 北京：化学工业出版社，2010
2. 胡家骏，周群英. 环境工程微生物学 [M]（第二版）. 北京：高等教育出版社，1999
3. 沈萍，范秀蓉，李广武. 微生物学实验 [M]（第三版）. 北京：高等教育出版社，1999
4. 王家岭. 环境微生物学实验 [M]. 北京：高等教育出版社，1988
5. 俞毓馨，吴国庆，孟宪庭. 环境工程微生物检验手册 [M]. 北京：中国环境科学出版社，1999
6. Madigan, Martinko and Parker. Brock Biology of Microorganisms [M]（12th edition）. Prentice-Hall, Inc., 2008
7. Rittmann and McCarty. Environmental Biotechnology: Principles and Applications [M]. McGraw-Hill, 2001.